수정판

새 의류소재

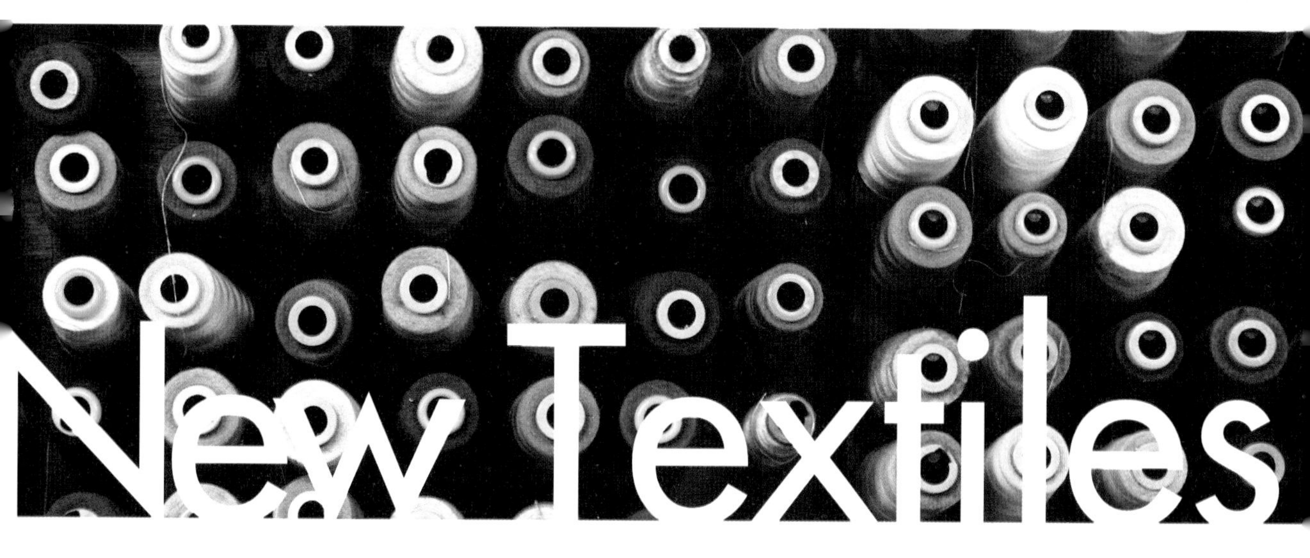

수정판

새 의류소재

김성련 유효선 조성교 지음

교문사

저자소개

김성련

서울대학교 공과대학 졸업
영국 맨체스터대학교 대학원(공학석사)
서울대학교 대학원(공학박사)
충남대학교 공과대학 교수
서울대학교 생활과학대학 의류학과 교수
서울대학교 생활과학연구소장
한국의류학회장
현재 서울대학교 생활과학대학 명예교수
저서 세제와 세탁의 과학
피복관리학(공저)

유효선

서울대학교 가정대학 의류학과 졸업
서울대학교 대학원 가정학과(가정학 석사)
미국 University of California, Davis (Ph.D)
현재 서울대학교 생활과학대학 의류학과 교수
저서 염색의 이해(공저), 의류과학과 패션(공저)

조성교

서울대학교 가정대학 의류학과 졸업
서울대학교 교육대학원(교육학 석사)
숙명여자대학교 대학원(이학박사)
제주대학교, 충북대학교 교수
현재 한국방송통신대학교 가정학과 교수
저서 피복재료학(공저), 의복과 환경(공저)

수정판 새 의류소재

2005년 9월 5일 초판 발행
2023년 1월 27일 10쇄 발행

지은이 김성련 · 유효선 · 조성교
발행인 류원식
발행처 교문사

(10881)경기도 파주시 문발로 116
전화 : 031)955-6111(代)
FAX : 031)955-0955
등록 1968. 10. 28. 제406-2006-000035호

홈페이지 : www.gyomoon.com
E-mail : genie@gyomoon.com

ISBN 89-363-0762-2 (93590)

*잘못된 책은 바꿔 드립니다.
값 17,000원

머리말 f·o·r·e·w·o·r·d

과학기술의 발전에 따라 우리의 의생활도 지난 1세기 동안 엄청난 변화를 가져왔습니다. 또한 정보화 시대를 맞이하여, 소재 개발 정보를 비롯한 패션 정보도 일부 전문가에게만 소유되지 않고 일반 소비자에 이르기까지 친숙하게 다가서고 있습니다. 의생활에서 기본이 되는 의류소재도 더욱 다양해졌으며, 기능적이면서도 감성적인 소재가 요구되고 있습니다. 이러한 때에 대학에서 의류분야를 전공하고 의류산업분야에서 활동하려는 독자들에게 의류소재에 관한 기본적인 지식과 정보를 제공하는 것이 이 책의 목적입니다.

보다 쉬운 의류소재에의 접근을 위하여, 이 책에서는 의복의 일차적 원료인 섬유로부터 설명을 시작하는 기존의 교재들과 달리, 우리가 일상생활에서 가장 쉽게 접할 수 있는 옷감에서부터 설명을 시작하였습니다. 따라서 1장에서는 옷감의 구성 방법과 성능에 이어 직물, 편성물, 부직포 등의 순으로, 의류소재 중에서 가장 비중이 높은 옷감의 종류와 특성을 개략적으로 서술하였습니다. 2장에서는 옷감을 이루는 가장 기본적인 물질인 섬유에 대하여 다루었습니다. 섬유의 성질과 용도를 중심으로 설명하였고, 섬유의 화학적 조성과 감별 등 상세한 내용은 부록에 실었습니다. 또한 최근에 개발되어 시장에 선보이고 있는 새로운 섬유들에 대한 개략적인 정보도 소개하였습니다. 3장에서는 섬유로 만들어지며, 옷감을 구성하는 실의 종류에 대하여 설명하였고 이를 옷감의 특성과 연결하여 독자의 이해를 쉽도록 하였습니다. 4장에서는, 염색과 가공에 관한 기본적인 내용을 취급하여 이들에 따라 만들어지는 다양한 의류소재를 이해할 수 있는 지식을 전달하고자 하였습니다.

이 책이 여러분들의 의류소재에 대한 기본적인 이해에 기여할 수 있기를 바라며, 여러 가지로 부족하지만 후일 개정판을 통하여 독자들에게 새로이 발전하는 의류소재에 대하여 계속 소개함으로써 효과적인 학습뿐 아니라 지혜로운 의복 소비를 위해서도 도움이 될 수 있도록 하겠습니다.

끝으로 이 책의 출간을 위해 수고해 주신 교문사의 여러분에게 감사드립니다.

2005년 여름

저 자

차 례 c·o·n·t·e·n·t·s

부록

옷 감

1. 옷감의 구성
2. 옷감의 성능
3. 직물
4. 편성물
5. 부직포와 펠트
6. 기타 옷감 및 신소재

1 옷감

1. 옷감의 구성

지금 내가 입고 있는 옷의 소재는 무엇일까? 이 옷감은 어떻게 만들어진 것일까?

이러한 의문들을 해결하기 위해 지금 입고 있는 옷의 한 부분을 확대경으로 살펴보자. 먼저 실이 보일 것이고 이 실을 더 풀어헤쳐 보면 아주 가는 솜털이 보일 것이다. 이것이 바로 옷감의 기본 원료인 섬유이다.

옷감을 만들기 위해서는 우선 섬유로 실을 만들어야 한다. 그런데 실은 아무리 여러 번 우리 몸에 둘러도 우리 몸을 완전하게 가릴 수는 없다. 따라서 이 실로 바로 옷을 만들 수 있는 것은 아니다.

그러나 실을 가로 세로로 엮든지, 고리로 연결하여 만든 옷감으로는 몸을 가릴 수 있는 옷을 만들 수 있다. 실을 가로 세로로 엮어 만든 옷감이 직물이며, 고리로 연결한 옷감이 편성물이다.

그림 1-1 실로만 몸을 가린 모습

1) 실로 만든 옷감

대부분의 옷감은 우선 섬유로 실을 만들고 그 실로 옷감을 만든다. 실로 만든 옷감에는 직물, 편성물, 레이스, 브레이드 등이 있다.

(1) 직 물

실을 가로 세로로 엮어 만든 것이 직물(woven fabric)이며, 이는 옷감으로 가장 많이 사용된다. 직물을 짤 때 실을 엮는 방법, 즉 교차방법을 변화시키면 다양한 무늬를 가진 직물을 만들 수 있다. 직물의 표면에는 실이 교차하여 나타난 결이 있다.

직물은 비교적 탄탄하지만 가장자리 자른 부분에서 올이 빠져나올 수 있으므로 의복을 만들 때 반드시 솔기처리를 해주어야 한다.

(2) 편성물

한 올 또는 여러 올의 실이 바늘에 의해 고리를 만들면서 연결된 옷감을 편성물(knit)이라고 한다. 직물 다음으로 많이 쓰이는 옷감이고, 의생활의 간편화와 함께 점점 더 많이 사용되고 있다. 편성물은 제조속도가 직물에 비해 매우 빠르며, 다공성이고 유연하다. 또한 신축성도 크고, 구김이 잘 생기지 않는다.

(3) 레이스와 브레이드

여러 올의 실을 서로 얽거나 매어 꼬아 만든 옷감을 레이스(lace)라고 하는데, 다공성과 비쳐 보이는 특징을 갖고 있다. 실이나 테이프 상태의 재료를 땋아 만든 것은 브레이드(braid) 또는 조물이라고 한다(그림 1-2).

그림 1-2 실 또는 직물, 편물을 땋아 만든 브레이드

레이스와 브레이드는 직물의 가장자리

표 1-1 옷감의 구성방법과 그 특성

옷감의 전 단계	구성방법	특 징	명 칭
실	• 제직(weaving) : 가로 세로로 실을 서로 직각으로 엮는다.	• 표면에 실의 교차로 된 결이 있다. • 실의 교차방법 변화로 무늬가 달라진다. • 가장자리 푸서 부분에서 올이 빠진다.	직물
	• 편성(knitting) : 바늘에 의해 한 올 또는 여러 올의 실로 고리를 만들어 엮는다.	• 제조속도가 빠르다. • 다공성이며 유연하다. • 신축성이 크고 구김이 잘 생기지 않는다.	편(성)물
	• 레이싱(lacing) : 여러 올의 실을 서로 매거나 꼬아 만든다.	• 직물의 가장자리, 일부분의 장식목적에 많이 쓰인다. • 다공성이 있으며 비쳐 보인다.	레이스
	• 조물(braiding) : 실 또는 좁은 폭의 직물, 편물을 땋아 만든다.	• 일반 옷감보다는 특수한 용도에 쓰인다. • 끈, 리본 등에 주로 사용된다.	브레이드
섬유	• 축융(felting) : 양모의 축융성에 의해 섬유가 얽혀서 된 옷감이다.	• 실의 결이 없으며, 가장자리가 풀리지 않는다. • 뻣뻣하고 표면이 매끈하지 않다. • 모자, 카펫, 러그, 여과포 등에 널리 쓰인다.	펠트
	접착 • 접착제 : 얇은 섬유층을 접착제로 고착한다. • 열융착 : 얇은 섬유층을 가열하여 용융에 의해 고착한다.	• 표면이 매끈하지 못하고 내구성이 적다. • 드레이프성이 좋지 않은 것이 많다. • 옷의 심감, 특수한 일회용 의복, 가정용 잡화, 기저귀, 위생용품에 많이 쓰인다.	부직포
합성수지	• 성형 : 합성수지를 직접 시트 모양으로 만든다.	• 특별한 표면효과를 낼 수 있다. • 일반 의복용으로도 증가되고 있다.	필름, 인조가죽, 폼

또는 의복의 부분적인 장식 등에 주로 사용된다.

2) 섬유로 만든 옷감

(1) 펠 트

축융성을 이용하여 양모 또는 양모와 다른 섬유와의 혼합물을 압축하고 온도를 높인 상태에서 문지르면 섬유들이 서로 얽혀서 옷감이 되는데 이것이 펠트(felt)이다.

펠트는 실을 사용한 것이 아니므로 실로 이루어지는 결이 없으며, 가장자리가 풀리지 않는 장점이 있다. 반면 유연성이 적고 표면이 거친 편이므로 일반 의복용보다는 모자, 카펫, 러그(rug) 등에 주로 사용된다.

(2) 부직포

섬유로 얇은 시트 모양의 웹(web)을 만들고, 이것을 접착제 또는 열을 가해 녹여 섬유들을 서로 엉겨붙게 하여 만든 것이 부직포(nonwoven fabric)이다. 대부분 유연성이 부족하고 표면이 매끈하지 못하며, 내구성도 좋지 않다. 옷의 심감, 특수한 일회용 옷감, 행주 등 가정용 물품과 완구, 일회용 기저귀, 생리용품 등에 널리 쓰인다.

3) 합성수지로 만든 옷감

근래 우리들이 사용하는 옷감 중에는 실이나 섬유를 거치지 않고 합성수지로부터 직접 시트(sheet) 모양의 옷감을 만들기도 한다. 이것을 성형물이라고 하며, 플라스틱 필름과 인조가죽, 스펀지라고 부르는 폼(foam) 등이 여기에 속하는데 근래 옷감으로서의 이용률이 증가하고 있다.

2. 옷감의 성능

옷감이 의류소재로 사용되려면 여러 가지 성능을 갖추어야 한다. 이들 성능은 소비자가 의복을 선택할 때 고려하는 일반적인 기준과 옷감의 특성을 관련시켜 외관, 내구성, 관리성, 안락감 또는 쾌적성으로 구분할 수 있다.

외관은 표면구조, 색채, 강연성 또는 드레이프성, 필링방지성, 내추성, 치수안정성 등에 따라 변화된다. 내구성은 인장강도, 인열강도, 파열강도, 마찰 또는 마모강도, 봉합강도, 염색견뢰도 등에 따라 변하며, 관리성은 내열성, 내연성, 내일광성, 내약품성, 내후성, 내오염성, 세탁성, 내충 · 내균성, 내추성 등에 크게 영향을 받는다. 의복을 착용했을 때의 안락감 또는 쾌적성은 소재의 중량, 함기율, 통기성, 투습성, 흡습성, 흡수성, 발수성, 보온성, 대전성 등에 의해 달라진다.

물론 이와 같은 특성들 중 어떤 특성은 한 가지 기준에만 영향을 주지 않으며, 한 가지 특성이 서로 다른 기준에 영향을 미치기도 한다.

또한 옷감의 성능은 그 옷감을 구성하는 방법, 직물의 조직과 함께 직물을 구성하고 있는 실 또는 그 실을 구성하고 있는 섬유의 특성에 따라 달라진다.

1) 외 관

(1) 강연성

강연성이란 옷감의 뻣뻣함, 유연함 등 부드러운 정도를 나타내는 특성으로 옷감의 촉감과 드레이프성에 영향을 미친다.

옷감의 강연성은 일차적으로 섬유의 탄성률에 따라 달라지지만 실이나 옷감의 구조에 따라서도 크게 달라진다. 즉, 섬유와 실이 자유롭게 움직일 수 있으면 유연해지지만 사용된 실의 꼬임이 많거나 직물의 조직점이 많으면 실이 구속되어 움직임이 자유롭지 못하므로 뻣뻣해진다. 편성물은 직물

캔틸레버법

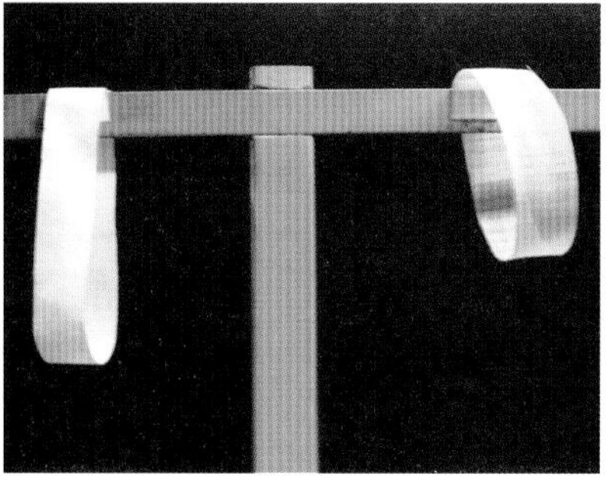

하트루프법

그림 1-3
강연도 측정방법

에 비해 유연하며 부직포, 펠트, 접착포 등은 일반적으로 직물보다 더 뻣뻣하다.

강연도 측정방법 중 캔틸레버법은 경사진 시험대 위에서 시험편을 살며시 밀어내어 그 끝이 경사면에 닿을 때까지 밀려나간 시험편의 길이로, 하트루프법은 시료를 하트 모양으로 매달았을 때 늘어진 고리의 길이로 강연도를 나타내게 된다. 그러므로 캔틸레버법으로 시험했을 때는 밀려나간 길이가 길수록, 하트루프법은 고리의 길이가 짧을수록 뻣뻣한 옷감임을 알 수 있다(그림 1-3).

(2) 드레이프성

드레이프성이란 옷감의 늘어짐, 즉 의복의 외형을 이루는 소재의 자연스러운 곡선을 말한다. 드레이프성은 옷감의 강연성, 중량 등과 상관관계가

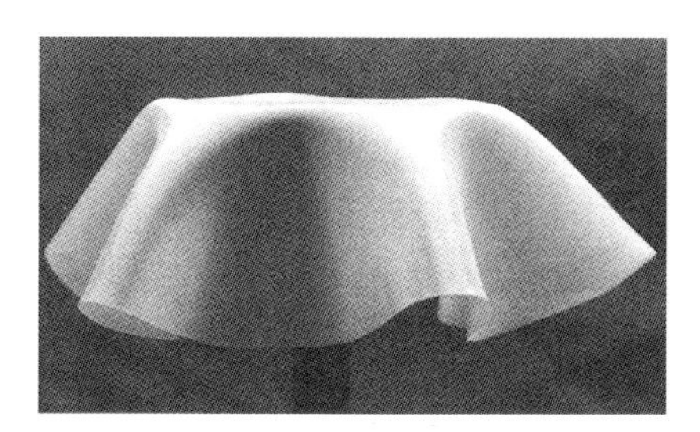

부드러운 직물

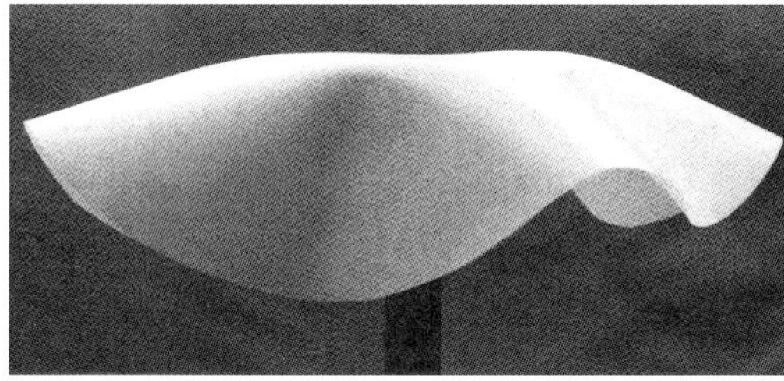

뻣뻣한 직물

그림 1-4
드레이프성의 비교

큰 특성이며, 옷감의 투영도로 측정할 수 있다.

측정의 원리는 원통형의 측정기 위를 옷감으로 덮고 빛을 비추어 시료의 투영도를 그리고, 투영도의 모양을 비교하여 드레이프 계수를 계산한다.

(3) 필링성

필링(pilling)이란 직물이나 편성물에서 섬유나 실이 빠져나와 탈락되지 않고 그 표면에 뭉쳐서 작은 망울이 생기는 것으로, 이 섬유망울을 필(pill)이라고 한다. 면, 모 등 천연섬유로 된 옷감에도 필이 생기지만 이들 천연섬유는 강도가 작아서 생긴 망울이 쉽게 떨어져 나가므로 크게 문제가 되지 않는다. 반면 나일론, 폴리에스터 등은 강도와 신도가 커서 마찰되거나 긁힐 때 빠져나온 섬유가 떨어져 나가지 못하고 옷감 표면에 뭉쳐져 붙어 있게 된다. 더구나 뭉쳐진 섬유망울에 먼지 등의 오물이 부착되면 외관은 더욱 흉하게 된다.

필링의 발생은 섬유의 강도, 신도뿐만 아니라 옷감 표면의 상태, 섬유 단면의 모양과 실의 구조, 직물의 조직 등 옷감의 구성방법에 따라 달라진다. 그림 1-5의 오른쪽 직물은 내필링성이 좋지 않은 것이다.

(4) 광 택

광택은 옷감 표면에서 빛이 반사되는 정도에 따라 나타나는 특성으로 소

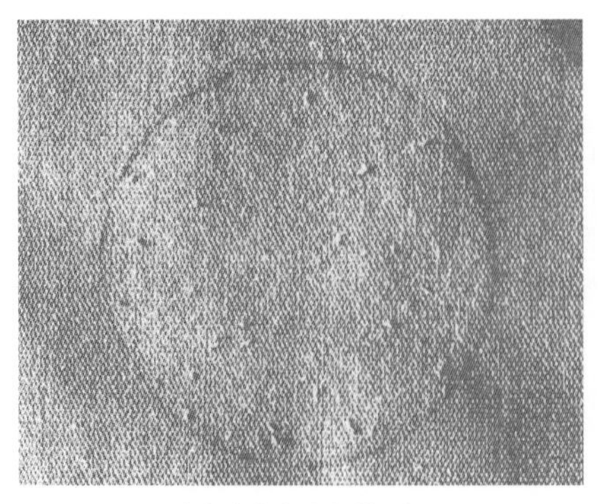

내필링성이 우수한 직물

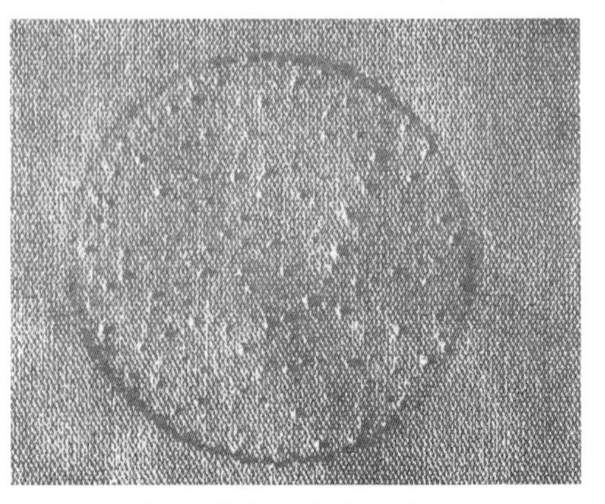

내필링성이 좋지 않은 직물

그림 1-5 필링성 비교

재의 아름다움을 표현하는 수단으로 사용될 수 있다.

용도에 따라 광택을 조절할 수 있는 여러 가지 방법이 사용되거도 하는데, 인조섬유를 만들 때는 원료에 이산화티탄 등의 물질을 넣어 광택을 감소시키기도 한다. 또한 실의 구조, 꼬임의 정도, 직물의 조직, 가공에 의해서도 옷감의 광택은 변할 수 있다.

견섬유의 아름답고 우아한 광택이 삼각단면에서 얻어진다는 것이 알려져 합성섬유의 단면을 삼각형에 가깝게 만들기도 한다.

(5) 피복도

직물에서 실 사이의 간격이나 공간의 크기는 직물의 짜임새를 나타내는 직물의 밀도에 의해 결정된다. 이것을 직물의 피복도(被覆度, cover factor)라고 하며, 이에 따라 직물이 어떤 부분을 덮을 수 있는 능력은 달라진다.

피복도란 직물을 평면으로 보고 단위면적에 대해 그 면을 덮고 있는 경사와 위사의 면적비라고 볼 수 있다. 따라서 100% 피복도라고 하는 것은 직물 사이로 공기가 통과할 수 없다는 것이 아니라 직물이 특정 표면을 평면적으로 완전히 덮고 있다, 즉 가리고 있다는 것을 의미한다. 결국 피복도는 직물의 밀도에 의한 조밀함(compactness)을 의미한다.

2) 내구성

(1) 인장강도

옷감을 잡아당겼을 때 끊어지지 않고 견디는 정도를 말하며, 옷감의 기계적 성질 중 가장 중요하다. 인장강도는 옷감을 구성하고 있는 섬유와 실의 성질, 옷감의 구성방법과 직물의 조직, 경 · 위사의 밀도, 가공방법에 따라서 변한다.

인장강도의 측정방법에는 일정한 폭의 시험편을 인장강도 시험기에 고정시키고, 양쪽 또는 한쪽으로 잡아당겨 끊어질 때까지 드는 힘으로 표시한다. 시험편을 어떤 형태로 만드느냐에 따라 여러 가지 방법(그림 1-6)으로

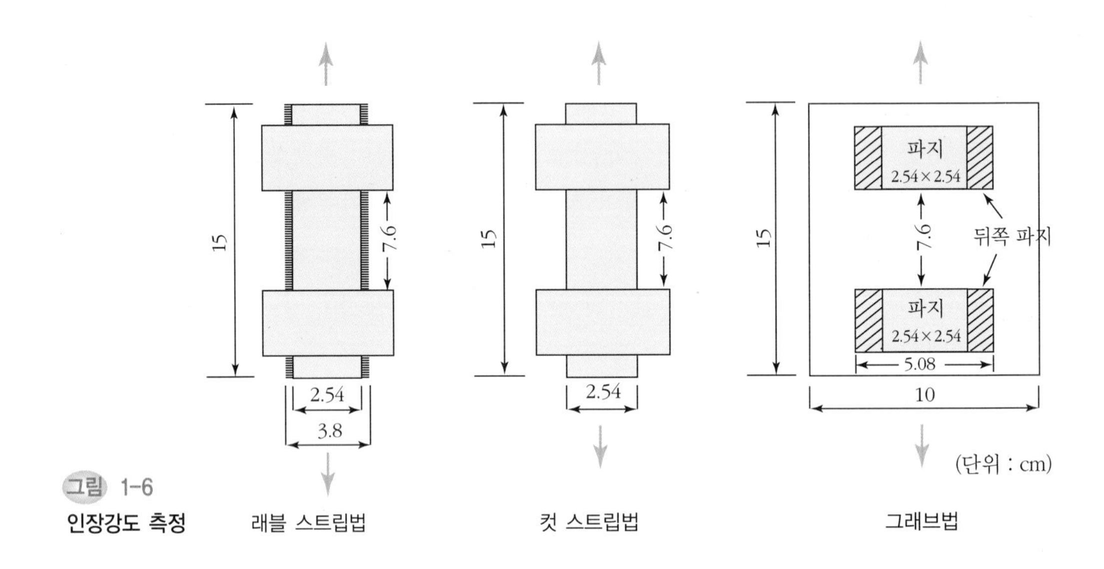

그림 1-6
인장강도 측정

구분한다. 직물에서는 일반적으로 경 · 위사의 특성이 다르므로 인장강도는 경사방향, 위사방향으로 각각 시험해야 한다.

(2) 인열강도

옷감을 찢는 데 필요한 힘으로 나타내며, 코팅한 직물의 성능변화를 측정하는 데에도 사용된다.

측정방법에는 옷감 중앙의 일부분을 미리 베어놓은 후, 인장강도 시험기에 베어 찢어진 부분을 각각 물려서 시험하는 법과 시험편에 사다리꼴 모양을 그려 사다리꼴의 짧은 변 중앙을 베어놓고 사다리꼴의 빗변쪽을 시험기에 물려 시험하는 방법이 있다. 인열강도는 동일한 실로 밀도를 같게 하여 짠 옷감이더라도 조직이 다르면 결과가 달라지며, 특히 옷감 표면에 수지처리를 많이 하거나 코팅, 즉 가공제를 입힌 직물에서는 크게 변화한다.

(3) 파열강도

옷감이 파열될 때까지 드는 힘의 크기로 나타내며, 흔히 터진다는 표현을 사용한다. 편성물이나 부직포 등과 같이 인장강도를 측정하기 어려운 옷감의 기계적 특성을 평가하는 데 쓰인다. 또 각 방향으로 힘을 골고루 받게 되

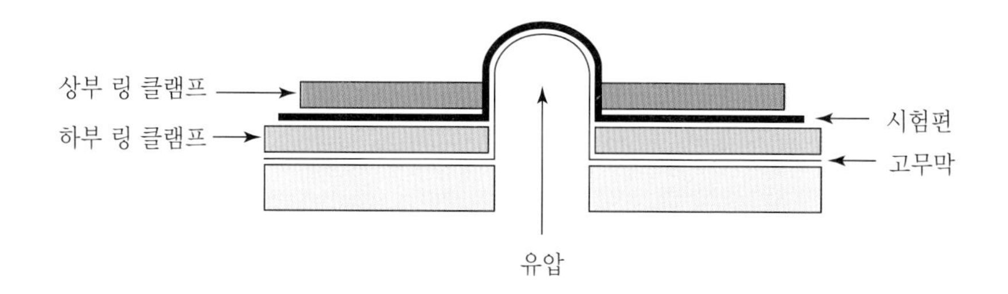

그림 1-7
파열강도 측정원리

는 자루 등 포장용품에 사용할 천의 성능을 시험하는 데도 사용한다. 널리 사용되는 측정방법에는 시험편을 고무막 위의 원형 클램프에 고정시킨 후, 시료 밑에 있는 고무막을 유압으로 팽창시켜 시험편이 파열될 때의 힘을 비교하는 방법이 있다(그림 1-7).

(4) 마찰 · 마모강도

옷감이 마찰에 견디는 힘을 평가하는 것으로 옷감을 얼마나 오래 사용할 수 있느냐를 결정하는 내구성과 상관관계가 가장 높다. 마찰강도 측정기에는 여러 가지 형태가 있으며, 측정기에 따라 측정원리도 다르다. 시료를 일정한 횟수 마찰시킨 다음 인장강도나 두께가 얼마나 감소되었는지를 비교하거나 시험편에 구멍이 날 때까지 마찰시켜 그때까지의 마찰횟수로 비교하는 방법도 사용된다.

3) 쾌적성

(1) 흡습 · 흡수성

옷감이 수분을 기체상태, 즉 수증기로 흡수하는 능력을 흡습성이라고 하며, 이 성능은 주로 재료섬유의 수분율에 따라 좌우된다. 그러나 정련, 가공 등에 의해 섬유의 활성이 커지면 옷감의 흡습성도 커진다.

흡수성은 옷감이 물과 접하였을 때 물을 흡수하는 능력으로, 일차적으로는 재료섬유의 친수성 정도인 수분율에 따라 달라진다. 그러나 옷감의 함수량에는 섬유 자체가 흡수하는 물의 양과 옷감을 구성하는 섬유 사이의 공간에 부착된 물의 양도 포함되므로 옷감의 흡수성은 재료섬유의 종류와 함께 옷감의 함기량에 따라 달라지고, 같은 섬유로 된 옷감에 있어서는 함기율이 크면 흡수성도 좋아진다.

흡습 · 흡수성이 크면 옷감의 위생적인 면에서는 바람직하지만 형체안정성 및 내추성이 좋지 않아 관리상의 불편이 따른다. 따라서 의복의 용도에 따라 흡습성과 흡수성이 알맞은 옷감을 선택해야 한다.

(2) 투습성

투습성은 옷감을 통하여 수분이 이동하는 성질을 말한다. 수분은 옷감의 기공을 통해 투과하므로 옷감의 통기성이 좋으면 투습성도 좋다. 그러나 수분의 투과는 수분이 옷감의 내부에서 섬유에 흡수되고 확산하여 외부 표면으로 이동하고 거기에서 외부로 증발하는 경우에도 이루어진다. 따라서 옷감의 투습성은 옷감의 통기성과 함께 그 옷감을 구성하고 있는 섬유의 흡습성과도 밀접한 관계를 가진다.

인체에서는 항상 수분이 발산되고 있으므로 의복이 수분을 적절히 외부로 투과시켜 의복 내의 습도를 쾌적한 상태로 유지해야 쾌적감을 느낄 수 있다. 그러므로 통기성이 적고 흡습성이 나쁜 소수성 섬유로 된 의복을 착용하면 투습성이 좋지 않아 특히 여름철에는 불쾌감을 느끼게 된다.

(3) 통기성

인체에서는 항상 수분이 발생될 뿐만 아니라 신진대사로 탄산가스 등이 발생되고 있다. 그러므로 옷감의 통기성은 의복 내의 수분과 가스(gas)를 외부의 신선한 공기와 교환하여 신체를 쾌적한 상태로 유지시켜 주는 중요한 성능이다.

통기성은 일반적으로 공기투과도로 측정한다. 공기투과도는 시료의 양쪽에 일정한 공기의 압력차가 있을 때 일정량의 공기가 통과하는 데 필요한 시간 또는 단위시간에 단위면적을 통과하는 공기량으로 표시한다.

(4) 함기율

함기율은 기공도로 나타내는 것이 일반적이며 옷감의 구성방법, 조직에 따라 변한다. 옷감에는 재료섬유층과 공기가 함께 있는 것으로 볼 수 있으므로, 옷감 전체에서 공기가 차지하고 있는 공간의 비율로 함기율을 나타낼 수 있다.

함기율은 옷감의 보온성, 통기성, 투습성과 밀접한 관계를 가지며, 옷감의 위생적 성능으로 특히 중요하여 의복의 쾌적성에 크게 영향을 미친다.

함기율은 옷감의 전체 부피에 대한 공기가 차지하고 있는 부피의 백분율로서 다음과 같은 식으로 나타내는 것이 일반적이다.

$$\text{함기율}(\%) = \frac{\text{옷감의 부피} - \text{재료섬유의 부피}}{\text{옷감의 부피}} \times 100$$

(5) 중 량

옷감의 무게는 일차적으로 그 옷감을 구성하고 있는 섬유의 비중에 따라 달라진다. 그러나 같은 섬유로 된 옷감이더라도 함기율의 정도, 권축이 있느냐 없느냐에 따라 무게감은 달라진다. 또한 옷감의 중량은 그 옷감을 제조하는 데 사용된 섬유의 양을 나타내는 것으로 옷감의 가격과 직접 관계된다. 따라서 옷감의 중량은 옷감의 가격을 산출하는 근거가 되기도 한다.

한편 옷감의 무게는 여러 가지 다른 성능과 관계가 커서 내구성, 통기성, 보온성, 유연성 등에 크게 영향을 미치며, 의복의 쾌적성과도 밀접한 관계를 가진다. 옷감의 무게를 표시하는 방법은 단위면적당의 무게를 사용하는 것이 일반적이다.

(6) 보온성

의복의 중요한 기능 중의 하나가 체온을 유지하는 것이므로 옷감의 보온성은 대단히 중요하다.

재료섬유의 열전도도가 작고 함기량이 큰 옷감이 보온성이 좋지만 함기량이 크더라도 통기성이 클 때는 보온성이 떨어진다. 옷감이 공기를 많이 함유하면 보온성이 좋아지는 이유는 공기의 열전도도가 아주 작기 때문이다. 그러나 함기율이 너무 커지면 의복 내 공기의 움직임이 커질 뿐 아니라 공기층이 열선을 투과시키므로 보온성은 오히려 감소된다.

보온성을 측정하는 방법에는 항온실에서 전열장치로 된 열원체를 시험편으로 덮고 그 열원체를 일정 시간, 일정 온도로 유지하는 데 소비된 전력량으로 표시하는 항온법과 일정 온도로 가열된 구리덩어리를 시험편으로 덮고 여기에 20℃의 공기를 일정한 풍속의 바람으로 보내 구리덩어리의 온도가 정해진 온도까지 떨어지는 데 소요된 시간으로 표시하는 냉각법이 있다.

4) 관리성

(1) 내추성

내추성 또는 방추성은 옷감에 구김이 생기는 정도를 나타낸다. 옷감의 구김은 일차적으로 그 옷감을 구성하는 재료섬유의 탄성, 즉 탄성회복률과 리질리언스의 영향을 받으며, 사용된 실의 구조인 실의 꼬임, 굵기 그리고 직물의 조직에 따라 달라진다.

일반적으로 편성물이 직물보다, 직물 중에서는 능직이나 수자직이 평직에 비해 실의 움직임이 자유로우므로 내추성이 좋다. 또한 두꺼운 옷감이 얇은 옷감에 비해 구김이 덜 생기며, 파일직물이나 기모가공된 직물의 내추성이 좋다.

내추성을 측정하는 데에는 개각도법이 널리 쓰이며, 이는 시험편의 중간을 접고 일정한 무게를 일정 시간 가한 후 시험편이 펴진 정도를 측정하는 것으로, 펴진 각도(개각도)가 크면 그 옷감은 내추성이 좋아 잘 구겨지지 않는다(그림 1-8).

그림 1-8
내추성의 차이
(개각도시험 후의 시험편)

(2) 수축성

옷감이 사용 중에 줄어드는 특성을 말하며, 그 원인은 대체로 두세 가지로 구분된다. 첫째는 제직, 편성, 기타 옷감을 제조하는 과정에서 받은 힘에 의해 신장되었던 것이 옷감을 사용하는 도중 안정화되면서 서서히 원상태로 돌아가는 현상이며, 첫번째 세탁에서 가장 심하게 나타난다. 둘째는 섬유 자체의 특성과 사용하는 도중 외부의 여러 가지 요인으로 섬유가 조금씩 수축하는 현상이며 옷감을 사용하는 동안 서서히 진행된다.

광목 등의 면직물을 처음 세탁할 때 나타나는 수축은 안정화 수축에 속하고, 레이온 직물이 사용 중에 점차 수축하는 것은 진행성 수축에 속한다. 또한 양모 제품은 섬유 자체의 축융성 때문에 수축이 일어난다. 이러한 옷감의 수축 정도에 따라 섬유제품의 치수안정성 또는 형체안정성이 변화한다.

(3) 발수성

옷감의 표면에서 물이 스며들지 않고 구르는 성질이며, 섬유의 흡습성보다 섬유와 직물의 표면특성에 따라 크게 달라진다. 그러므로 양모는 흡습성이 큰 섬유이지만 발수성이 좋아서 양모직물 내부로는 물이 잘 스며들지 못한다. 그러나 유리나 폴리에스터 섬유는 흡습성이 대단히 낮지만 발수성이

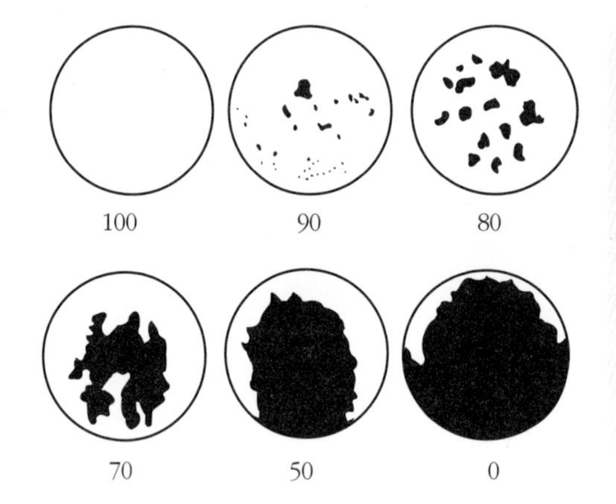

- 100 : 표면에 물방울 부착 또는 습윤이 없는 것
- 90 : 표면에 약간의 물방울 부착 또는 습윤을 나타내는 것
- 80 : 물이 떨어진 자리에 습윤을 나타내는 것
- 70 : 전 표면에 걸쳐 부분적 습윤을 나타내는 것
- 50 : 전 표면에 습윤을 나타내는 것
- 0 : 표면과 이면이 완전히 습윤된 것

그림 1-9 발수도 판정 표준 사진판

작아 침윤이 잘 되므로 이러한 섬유로 된 옷감은 내부로 물이 잘 스며든다. 즉, 옷감의 발수성은 재료섬유의 특성과 함께 표면특성에 크게 영향을 받으므로 옷감의 조직 및 구성방법과 후처리 등에 의해서 변화한다. 일반적으로 보통의 직물 조직보다는 파일 및 기모직물의 발수성이 좋다. 발수성은 흡습·흡수성과 함께 쾌적성을 좌우하기도 하며, 의복의 오염성을 좌우하기도 한다.

비옷이나 야외용 스포츠 의류 등은 발수성이 커야 하므로 발수가공된 옷감을 사용해야 한다. 이 경우 발수가공은 표면에서 스며드는 물은 막아 주고 신체 내부에서 발산되는 탄산가스 등은 투과될 수 있도록 하며, 통기성이나 흡습성에는 영향을 주지 않는 것이 위생적이다.

발수성의 측정에는 스프레이 테스터가 사용된다. 이 방법은 시험편을 경사지게 놓고, 일정한 높이에서 일정한 양의 물을 뿌려 시험편이 젖은 상태를 표준사진판과 비교하여 평가하는 것이다(그림 1-9).

(4) 오염성과 세탁성

같은 섬유로 된 옷감이라도 표면이 매끈한 경우 오염이 덜 되고 세탁도 용이하다. 이 외에도 관리성능을 좌우하는 특성으로 내충·내균성, 염색견뢰도 등이 있다.

3. 직 물

실을 가로 세로로 엮어서 만든 옷감이 직물이다. 직물은 표면이 고르며 인장강도, 마찰강도가 크고 실용적이어서 옷감으로 가장 많이 쓰이며 여러 가지 조직으로 짤 수 있다.

직물에서 경사와 위사가 교차하는 상태를 조직이라고 한다. 직물의 조직에는 평직, 능직, 수자직의 세 가지 기본이 되는 조직이 있어 이것을 삼원조직이라고 한다. 대부분의 직물은 삼원조직 또는 이 삼원조직을 변화시키거나 서로 다른 몇 가지의 조직을 배합하여 만든다. 복잡한 조직이나 무늬의 표현에는 도비나 자카드 등 특수한 장치를 사용한다.

조직의 변화 외에 직물에 여러 가지 변화를 줄 수 있는데, 바탕직물 위에 제 3의 섬유를 끼워 넣어 만든 파일직물, 직물 표면을 오톨도톨하게 만든 크레이프 등이 있다.

직물을 짜는 기구를 직기라고 하며, 직기에는 우리나라의 베틀이나 수직기처럼 수공으로 직조하는 것과 현대식 동력을 사용하는 역직기가 있다. 그러나 직물이 짜여지는 원리는 수직기나 역직기 모두가 동일하다. 즉, 종광이 경사를 움직여 개구를 만들고, 북이 위사를 개구에 넣어 주며, 이 위사를 짜여진 직물 앞까지 바디로 밀어붙이는 과정이 되풀이되면서 직물은 짜여진다.

1) 직기의 구조와 제직과정

직기는 실을 가로 세로로 엮어서 직물을 만들어내는 장치이다.

직물을 만드는 방법은 길이 방향에 평행으로 배열된 여러 가닥의 실, 즉 경사에 대하여 가로로 위사를, 일정한 규칙에 따라 경사의 한 올 또는 몇 올마다 아래위로 교차시키는 것이다.

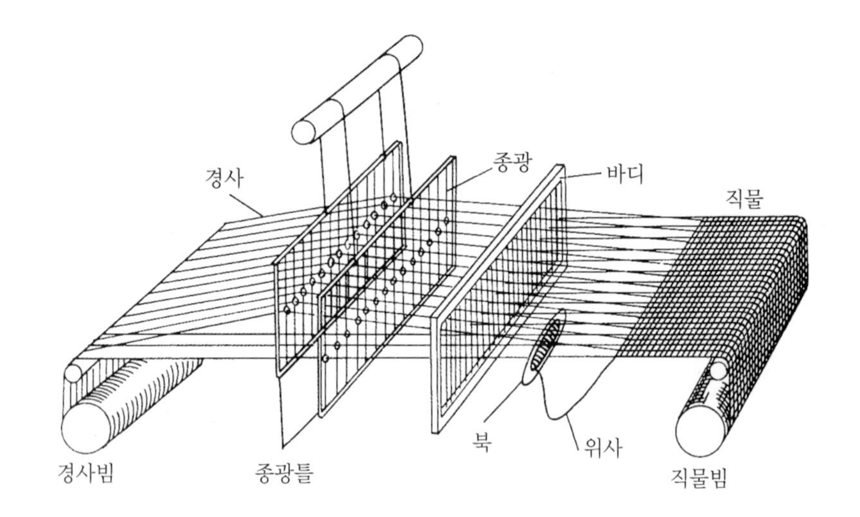

그림 1-10
직기의 구조

직기의 구조를 간단히 나타내면 그림 1-10과 같은데 직물을 짜는 데 중요한 역할을 하는 직기의 부품과 기능은 다음과 같다.

(1) 경사빔

직물을 짜기 위해 일정한 길이의 경사를 짜고자 하는 직물의 너비에 해당하는 경사 가닥수만큼 감아둔 것으로 도투마리라고도 한다. 이와 같이 경사를 준비하는 과정을 정경이라고 하는데 정경은 수백 개의 실패에서 실을 모아 경사빔에 감는 과정이다. 우리나라 재래식 베틀로 직물을 짜기 위해서도 경사를 따로 준비해야 하며 베날기와 베매기가 경사준비 공정이다(그림 1-11).

경사빔은 직기의 뒤쪽에 있으며, 제직이 계속되면 빔에 감겨 있는 경사가 연속해서 직물쪽으로 공급된다.

(2) 직물빔

짜여진 직물을 감기 위한 것이며, 홍두깨라고도 한다.

베날기

베매기

그림 1-11
제직 : 경사준비

(3) 종 광

배열된 경사를 아래위로 벌려서 위사가 투입되는 개구를 만들어 주는 장치이며 잉아라고도 한다. 여러 개의 종광이 종광틀에 끼워져 있으며, 이 종광틀의 움직임에 따라 종광에 끼워져 있는 경사가 아래위로 움직인다. 종광은 철사나 얇은 금속판으로 만들어져 있는데, 그 중앙에는 구멍이 뚫어져 있고 이 구멍 하나하나에 경사가 끼워져 있다.

종광틀은 상하로 움직이게 되어 있고 이 움직임에 따라 개구가 만들어지며, 이 개구 사이로 위사가 통과되면 경 · 위사가 교차된다. 교차방법에 따라 여러 가지 직물조직이 만들어진다.

(4) 북

개구를 통하여 위사를 운반하는 역할을 하는 장치이다. 북은 일반적으로 단단한 나무로 만들어져 있으며, 가운데에는 위사가 감겨 있는 목관을 끼우는 막대가 있고, 양끝에는 북을 보호하는 쇠끝이 있다. 북의 옆에는 위사가 나오는 사구(絲口)가 있다.

(5) 바 디

바디는 경사의 간격을 정하고, 위사를 끼워 넣을 때 북이 통과하는 길잡이가 되며, 투입된 위사를 직물이 짜여진 곳까지 밀어붙이는 일을 한다.

바디는 종광틀과 평행으로 놓이며, 경사가 엉키는 것을 방지하면서 북에 의해 경사에 걸쳐진 위사를 짜여진 직물 앞에까지 밀어준다. 이렇게 만들어진 직물은 직기의 앞쪽에 위치한 직물빔에 감긴다.

이상과 같은 부품으로 구성된 직기에 의해 직물이 짜여지는 과정은 몇 조로 분리된 종광의 상하운동에 따라 마름모꼴의 개구가 만들어지고 이 개구를 통하여 북이 통과되면서 위사가 투입된다(그림 1-12). 다음으로 바디가 경사 사이를 가로지른 위사를, 직물이 짜여진 곳까지 밀어붙이는 과정이 되풀이되는 것이다.

이 과정은 다음의 5단계로 정리할 수 있다.

- 개구의 형성 : 위사가 경사 사이를 통과할 수 있도록 필요한 종광 및 종광틀을 상하로 움직여 경사층 사이를 열어주는 공정이다.
- 북침 : 개구 사이로 북이 위사를 통과시키는 공정이다.
- 바디침 : 북침운동에 의해 경사 사이로 엮어진 위사를 경사와 직물의 경

그림 1-12
북과 개구

계점인 직물 앞까지 밀어붙이는 공정이다.

• **경사송출** : 경사빔에 감겨진 경사를 제직에 필요한 양만큼씩 풀어주는 공정이다.

• **직물권취** : 짜여진 직물을 직물빔에 감아주는 공정이다.

2) 직물의 구조

(1) 경사와 위사

직물은 서로 교차되는 두 방향의 실로 만들어진 옷감이다. 이 중 직물의 길이 방향에 평행되게 배열된 세로방향의 실이 경사(날실)이며, 직물의 폭 방향으로 걸쳐진 가로방향의 실이 위사(씨실)이다.

직물에서 경사는 직기에서 큰 힘을 받고 또 북의 왕래 때문에 많은 마찰을 받기 때문에 위사보다 꼬임도 많고 강한 실을 사용하며, 일반적으로 풀을 먹여 사용한다.

경사와 교차된 위사는 경사에 비해 일반적으로 굵고 꼬임도 적은 것을 사용한다. 또 직물에 따라서는 장식사를 사용하여 변화 있는 직물을 만들기도 한다. 이와 같이 경사와 위사의 특성이 다르고, 직기에서 경사는 장력을 받고 있어 직물은 경사와 위사방향에 따라 몇 가지 성질을 달리한다. 즉, 직물의 위사방향은 경사방향에 비해 강도는 약하며, 신축성이 크다. 또한 경사는 위사에 비해 꼬임이 많은 실이 사용되므로 경사방향이 위사방향보다 강직하다. 그리고 제직 시에 경사는 큰 장력을 받고, 그 후의 가공이나 후처리를 할 때에도 주로 경사방향으로 장력이 작용하고 있기 때문에 완성된 직물은 경사방향으로 더 많이 수축된다.

(2) 직물의 폭과 식서

직물의 폭은 직기에 따라 달라지지만 직물의 종류에 따라 관습상 결정되는 폭이 있다. 폭을 나타내는 단위로는 인치가 널리 사용되고 있는데, 면직물은 보통 44인치가 보통이고 넓은 것은 60인치도 있다. 모직물은 54~60인

그림 1-13
여러 가지의 식서

치의 폭이 일반적이다. 인조섬유 직물들은 대체로 40~45인치가 보통이지만 견직물은 특수한 효과를 얻기 위해 소폭(15인치 또는 22인치)으로 제직하는 경우가 많으며, 넓은 폭으로 짠 후 나누어 사용하기도 한다. 근래 면직물은 44인치 등 넓은 폭으로 제직되는 경우도 많다.

직물은 대부분 양쪽 가장자리에 나머지 부분보다는 좀더 촘촘한 부분이 있다. 이 부분을 직물의 식서 또는 변이라고 한다. 직물의 제직, 가공, 후처리를 할 때, 양쪽에서 당기는 힘은 대체로 이 부분에 걸리게 되므로 그 힘에 견딜 수 있도록 한 것이다. 식서는 일반적으로 경사로 좀더 굵은 실이나 두 올씩 합친 실을 사용하기도 하고, 특별한 조직으로 제작되므로 나머지 부분보다 더 두껍고 단단하다. 직물의 상품명, 원료 섬유명과 함유율, 가공방법, 제조회사명 등을 이 부분에 나타낸다(그림 1-13).

(3) 직물의 밀도

직물의 짜임새를 표시하는 데에는 밀도를 사용한다. 직물의 밀도는 일정한 면적의 직물 내에 들어 있는 실의 올 수로 나타내므로 옷감의 내구성을

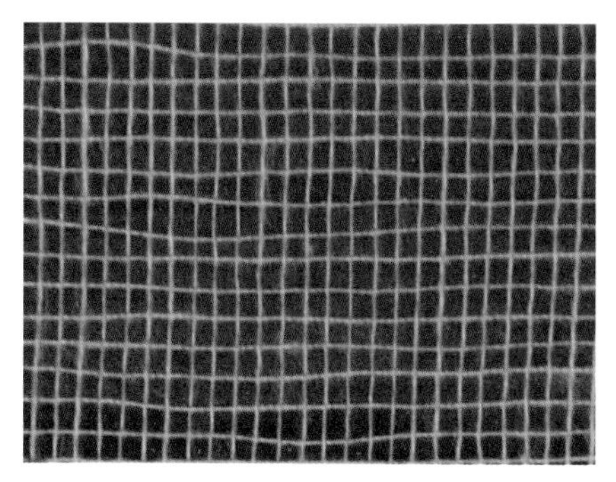
엉성한 직물

촘촘한 직물

그림 1-14
밀도 차이를 보여주는 직물

결정짓는 중요한 요인이 된다. 촘촘하게 짜여진 직물은 느슨하게 짜여진 직물에 비해 더 많은 실이 사용되었으므로 단단하며 세탁 시 덜 수축되고 형체유지가 잘되며, 솔기부분이 미끄러져 빠지는 일도 적다.

직물의 밀도는 보통 5cm(또는 1인치) 평방에 들어 있는 경사와 위사의 올수로 표시한다. 밀도측정에는 직물분해경(pick glass)을 사용하는데(그림 1-15) 측정결과 5cm(또는 1인치) 평방에 경사 75올, 위사 70올이 들어 있으면 '경사밀도 75, 위사밀도 70' 으로 표시하거나 '75/5cm×70/5cm' (보통 경사밀도를 앞에 쓰며 1inch평방으로도 함)으로 표시한다.

밀도는 직물의 종류에 따라 다르지만 경사밀도가 조금 더 큰 것이 일반적이다. 보통 의복용으로 사용되는 직물의 밀도는 경·위사 각각 20~300/inch^2 정도이다.

직물분해경

밀도의 측정

그림 1-15
직물분해경과 밀도의 측정

(4) 직물의 조직과 조직도

직물을 구성하는 경사와 위사가 교차하는 상태를 조직이라고 한다. 직물은 조직에 따라 같은 실을 사용하더라도 외관, 강도, 드레이프성 등이 달라지므로 내구성, 용도, 외관이 달라진다. 따라서 그 직물의 사용목적에 따라 적절한 조직이 결정된다.

가장 단순한 조직의 직물은 2매의 종광틀을 가진 직기에서 만들어지는데, 직물의 조직, 즉 경사와 위사가 교차하는 상태를 표시한 그림을 조직도라고 한다. 조직도를 그리기 위해서는 일종의 모눈종이가 사용되는데, 이것을 의장지라고 한다. 이 의장지에서 하나의 세로줄과 다음 세로줄 사이의 공간은 한 올의 경사를 표시하며, 가로줄과 다음 가로줄 사이는 한 올의 위사를 표시한다.

의장지에서의 네모 한 칸은 경사와 위사의 교차점을 나타내는 것으로 이것을 조직점이라고 한다.

조직도를 그리는 방법은 경·위사가 교차한 곳에서 경사가 위사 위로 올라와 있는 때를 업(up)이라고 하여 그 조직점을 여러 방법(검게 칠하거나, 점 또는 동그라미로 표시, ■, ⊡, ⧇)으로 표시하고, 경사가 교차점에서 위사 밑에 숨어 있는 때를 다운(down)이라고 하여 그 조직점을 공백으로 둔다. 일반적으로 조직도를 그릴 때에는 왼쪽 아래에서 시작하고 첫 번째 조직점은 업(up)으로 시작한다.

근래 직물조직에 관한 KS 규격이 국제표준화기구에 부합하는 내용으로 정해졌으며 이러한 내용을 부록에 제시하였다(KS KISO 3572, KISO 9354).

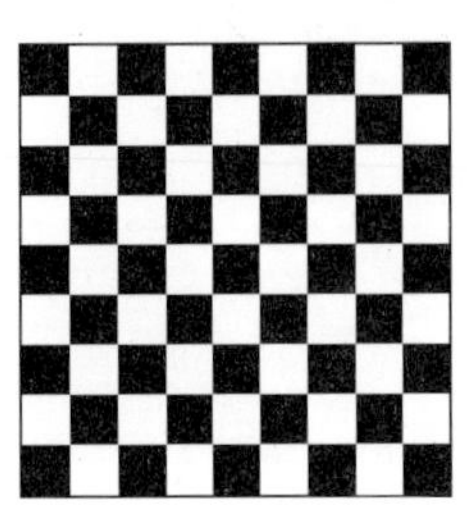

그림 1-16 여러 가지의 조직도

3) 직물의 종류

직물의 종류는 그 분류기준에 따라 여러 가지로 구분될 수 있어 명칭도 매우 다양하다. 재료섬유 및 실의 종류, 직물의 조직, 가공, 특수한 겉모양, 생산지 및 용도, 유행, 무늬에 따라 각각 다른 명칭들이 사용되고 있다.

앞에서도 설명된 바와 같이 실의 교차방법, 즉 경·위사의 교차상태를 직물조직이라고 하는데, 직물조직의 종류는 무제한이라 할 정도로 여러 가지가 있을 수 있다. 물론 처음에는 극히 단순한 조직만 제조되었으나 기술의 진보, 용도의 확장 등으로 그 종류가 매우 다양해졌다.

(1) 삼원조직

직물조직의 종류는 무제한이라고 할 정도로 여러 가지가 있지만 그 기본이 되는 것은 평직, 능직, 수자직의 세 가지이며 다른 조직들은 이 세 가지 조직을 변형·조합·반복시켜 얻는 것이다. 그래서 이 세 가지 조직을 삼원조직이라고 한다.

① 평 직

평직은 직물조직 중에서 가장 간단한 조직으로 경사와 위사가 한 올씩 상하 교대로 교차되어 있다.

그림 1-17은 평직물의 모형과 그 조직도를 표시한 것이다. 그림에서 1, 2, 3, 4…는 경사를, 가, 나, 다, 라…는 위사를 표시한 것으로 경사 1은 위

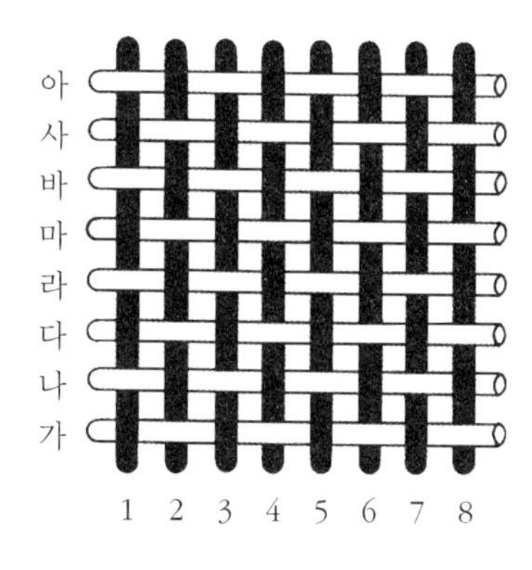

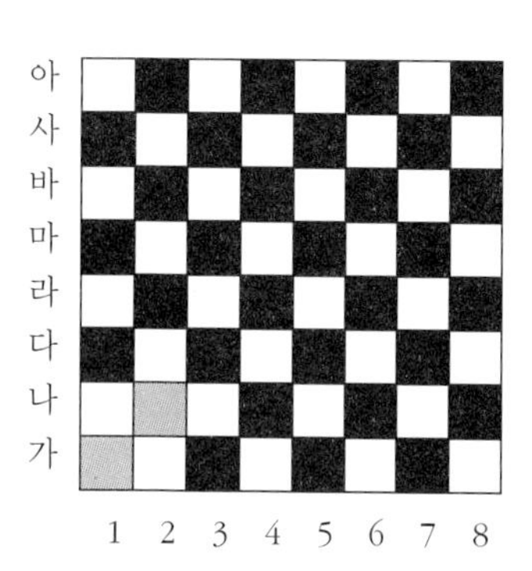

그림 1-17
평직의 모형(왼쪽)과 조직도(오른쪽)

사 가, 다, 마… 위에 나타나 검게 칠해 있고, 위사 나, 라, 바…의 밑으로 들어가 빈칸으로 되어 있다.

그리고 평직의 조직도에서 경사 1, 2와 위사 가, 나의 조직점을 검게 칠하지 않고 음영으로 표시한 것은 경사 2올과 위사 2올이 만든 조직이 되풀이되어 전체 조직이 이루어지는 것을 표시한 것이다. 그래서 이것을 완전조직 또는 일순환이라고 한다.

평직을 태비직(tabby weave)이라고도 하며, 보통의 실을 사용하면 겉과 안이 구별되지 않는 직물이 만들어진다.

평직은 다음과 같은 몇 가지 특성을 가지고 있다.

- 제직과정이 단순하다.
- 조직점이 많아서 강하고 실용적이며, 경직하다.
- 조직점이 많아서 실의 자유도가 작으므로 구김이 잘 생긴다.
- 겉과 안이 구별되지 않는다.
- 표면이 매끈하지 않으며, 광택이 거의 없다.
- 쉽게 변화 있는 직물을 얻을 수 있다.

평직에서는 경사와 위사의 굵기와 밀도를 달리함으로써 변화 있는 직물을 만들 수 있다. 포플린(poplin)과 브로드 클로스(broad cloth)가 이러한 조직을 가진 평직물인데, 포플린은 경사보다 굵은 위사를 사용하고 경사의 밀도를 위사의 2배 정도로 하여 위사방향의 이랑이 나타난다. 브로드 클로스는 포플린과 마찬가지로 경사밀도가 위사밀도보다 크지만, 경 · 위사에 같은 굵기의 실을 사용하여 이랑이 포플린처럼 뚜렷하지 않다.

태피터(taffeta)는 필라멘트사를 사용하고 위사에 경사보다 굵은 실을 사용함으로써 위사방향의 이랑이 나타나는 직물이다.

이 외에 평직물의 종류에는 다음과 같은 것이 있다.

■ **광 목**

경 · 위사에 18s 이하의 소면단사를 사용한 다소 거친 면직물로 밀도는 52

그림 1-18 깅엄

×53 내외이다. 표백하지 않은 상태의 직물로 현재는 의복용보다 실내장식용이나 현수막 등 특수한 용도로 사용된다.

■ 깅엄(gingham)

경사에 색사와 표백사를 사용하여 체크, 줄무늬를 나타낸 직물로 주로 면으로 제직된다. 능직으로 제직된 것도 같은 명칭을 사용한다. 고급은 코마사를 사용하여 밀도를 크게 하여 제직하지만 중급은 질이 좋은 카드사로, 저급은 굵은 카드사로 제직된다. 실의 종류, 밀도, 염색견뢰도 등에 따라 품질이 구분된다. 아동복, 셔츠, 식탁보 등에 많이 쓰이는 직물이다(그림 1-18).

■ 니농(ninon)

경 · 위사 모두 가는 생사로 짠 다음 정련한 얇은 평직물이다. 근래에는 인조섬유 필라멘트사로 된 시어(sheer)도 니농이라고 부르고 있다.

■ 덕(duck)

한 겹 직물에서는 가장 두껍고 강한 직물로 면이 많이 쓰인다. 경 · 위사에 굵은 면사나 마사를 사용하며, 매우 튼튼한 직물이다. 면 덕은 보통 10번수 또는 그 이상의 굵은 실을 사용한다. 용도에 따라 무게나 두께를 달리하며 범포, 천막, 신발, 군용장비 등에 쓰인다.

■ 론(lawn)

경 · 위사에 60s 이상의 가는 코마사를 사용한 얇은 직물이다. 근래에는

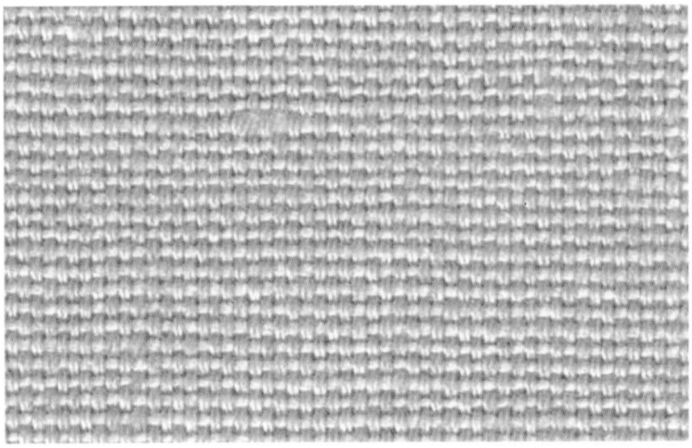

그림 1-19 옥스포드

가는 실로 짠 비치는 얇은 면직물을 말하지만 얇은 아마직물의 명칭으로도 사용된다. 블라우스, 여름용 셔츠, 손수건, 유아복 등에 쓰인다.

■ **오건디**(organdy)

경·위사에 가는 코마사를 사용하여 성글게 제직한 면직물로 가공을 하여 빳빳한 느낌이 나도록 한 직물이다. 견, 레이온 등 필라멘트를 사용하여 같은 방법으로 제직한 직물은 오간자라고 하며 블라우스, 커튼, 드레스 등에 많이 사용된다.

■ **옥스포드**(oxford shirting)

바스켓 조직으로 된 셔츠감으로 원래는 2×1 조직을 가진 것을 말했으나 근래에는 2×2, 3×3 조직의 바스켓 조직을 모두 옥스포드라고 부른다. 조직이 치밀하지 않으므로 부드럽고 광택이 있다. 일반적으로 면직물이지만 여러 가지 인조섬유도 사용된다(그림 1-19).

■ **홈스펀**(homespun)

거칠고 불균일한 방모사를 사용하여 주로 평직으로 제직하고 축융하지 않은 직물이다. 원래는 손으로 방적한 실을 사용하여 수직기로 제직한 것이라는 데에서 붙여진 이름이었으나, 근래에는 이것과 비슷한 느낌을 주는 직물들을 홈스펀이라고 부른다. 능직으로 제직하는 경우도 있는데 이것은 트위드와 비슷하다. 재킷, 코트, 스커트, 실내장식품 등에 쓰인다(그림 1-20).

그림 1-20
홈스펀으로 만든 제품

② 능 직

사문직이라고도 하며 평직이 경 · 위사가 한 올씩 교차되는 데 비해 능직은 경사 또는 위사가 계속하여 두 올 또는 그 이상의 올이 교차된다. 사선방향으로 연결된 조직점이 능선(사문선)을 나타내며, 이 능선이 위사와 이루는 각을 능선각이라고 한다.

그림 1-21은 능직물의 모형과 그 조직도를 표시한 것이다. 경사 1이 위사 가의 위로, 나 · 다의 밑으로 교차되어 있고, 다시 위사 라의 위로, 마 · 바의 밑으로 되는 교차를 계속하고 있다. 다음으로 경사 2는 위사와 교차하는 위치가 경사 1보다 하나씩 위로 올라가 있는 점만 다르고, 교차할 때의 방법은 경사 1과 동일하게 되어 있어 사문선이 나타난다. 이 사문선이 왼쪽 아래에서 오른쪽 위로 나타나 있는 것을 일반적으로 우능이라고 하고 그 반대를 좌능이라고 한다.

능직과 수자직에서 하나의 완전조직을 이루는 경 · 위사의 수를 매수라고 한다. 그림 1-21의 조직도에서 음영으로 표시된 것이 한 완전조직인데, 경사 3올과 위사 3올로 되어 있다. 그러므로 이 조직을 3매능직이라고 한다.

능직조직을 표시할 때는 분수로 표시하는데, 한 완전조직 내의 경사 수를 분자에, 위사 수를 분모에 표시한다. 따라서 그림 1-21과 같은 능직을 1/2(1 up, 2 down) 능직이라고 한다. 2/2 능직(그림 1-25)은 업과 다운의

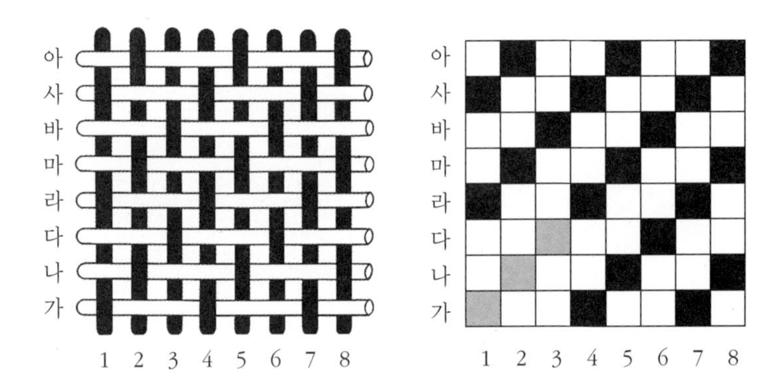

그림 1-21
능직의 모형(왼쪽)과 조직도(오른쪽)

수가 같아 직물의 겉과 안에서 사문선의 방향이 다를 뿐 동일한 형태이므로 외관상 겉과 안의 차가 없다. 이러한 능직물을 양면 능직이라고 하며, 서지(serge)가 여기에 속한다.

능직물은 조직점이 평직보다 적으므로 평직과 비교해서 다음과 같은 특성을 가진다.

- 같은 굵기의 실로 평직보다 밀도가 큰 직물을 만들 수 있다.
- 실의 자유도가 커서 직물이 유연하고 구김이 덜 생긴다.
- 표면이 평활하며 광택이 좋고, 외관이 아름답고 더러움을 덜 탄다.
- 강도, 특히 마찰에 약하다.

이와 같은 능직물은 양복감으로 가장 널리 사용되는데 대표적인 능직물에는 다음과 같은 직물이 있다.

■ **개버딘(gaberdine)**

경, 위사 모두 소모사를 사용한 대표적인 능직물로, 2/2 사문조직으로 제직하지만 경사밀도가 위사밀도보다 커서 사문각이 60° 이상을 이룬 실용적인 모직물이다. 면사로 된 직물일 경우 면 개버딘이라고 하는데, 이것은 버버리로 더 잘 알려져 있다. 개버딘이라는 용어는 중세기에 사용한 망토, 외투라는 뜻으로 조직이 주로 2/2이지만 2/1 또는 3/1로 제직하는 경우도 있

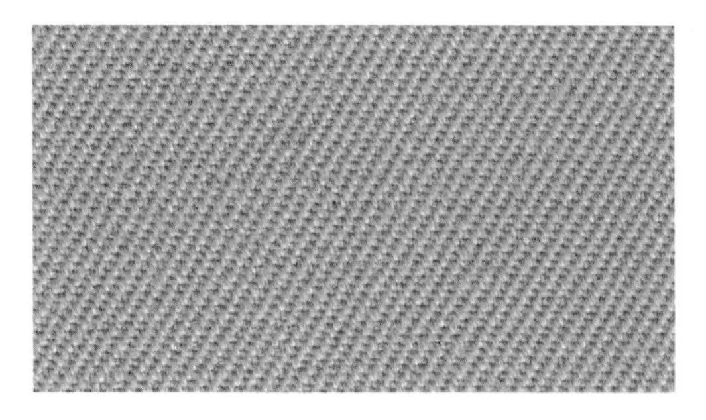
그림 1-22 개버딘

다. 제직 후 일반적으로 표면의 잔털을 제거하는 클리어 컷(clear cut) 가공을 하여 능선이 뚜렷하다. 수트, 코트, 제복 등에 널리 쓰이는 직물이다.

■ **데님(denim)**

경사에는 20s 이하의 굵은 색사를 사용하고, 위사에는 경사보다 가는 표백사 또는 색사를 사용하여 제직한 2/1, 3/1 능직물이다. 밀도는 경사 밀도를 위사의 두 배 정도로 한 두꺼운 면직물이다. 일반적으로 데님은 인디고청색으로 표면만 염색한 경사와 백색 위사를 사용하여 직물의 표면은 청색, 이면은 백색을 나타낸다. 널리 애용되는 청바지의 소재가 데님이다(그림 1-23).

그림 1-23 데 님

■ **드릴(drill)**

경·위사에 비교적 굵은(14s~18s) 면사를 사용하며, 2/1, 3/1 또는 헤링본으로 제직한 능직물이다. 밀도는 적은 편으로 경사밀도 64~70, 위사밀도 40~48 정도이다. 좌능으로 능선이 오른쪽 아래에서 왼쪽 위로 나타난다. 내구성이 있는 직물로 작업복에 많이 사용된다.

그림 1-24
버버리 코트

■ **버버리**(burberry)

면 개버딘을 말하며, 원래 버버리란 영국 버버리 사(社)의 상표명인데, 비옷 버버리 코트로 유명하여 비옷용 면 개버딘의 대명사가 되었다. 일반적으로 2/2능직으로 제직하며 밀도가 경사 190~200, 위사 95~105 정도이며, 사문각이 60°를 이룬다. 대개 발수가공이 되어 있다.

■ **서지**(serge)

2/2 능직으로 경·위사의 밀도를 비슷하게 제직하여 사문각이 45°를 이루는 소모직물이다. 제직 후 클리어 컷 가공을 하며, 주로 후염을 한다. 서지는 대표적인 양면 능직물로서 외관상 겉과 안이 거의 구별되지 않으나, 사문선이 왼쪽 아래에서 오른쪽 위로 나타난 것이 표면이다. 꼬임수가 많은 실을 사용하고 조직이 치밀하여 잡은 주름이 잘 펴지지 않으나, 연속 착용하면 번쩍거린다. 내구성이 좋은 직물로 수트, 코트, 스커트, 바지, 제복 등에 많이 쓰인다(그림 1-25).

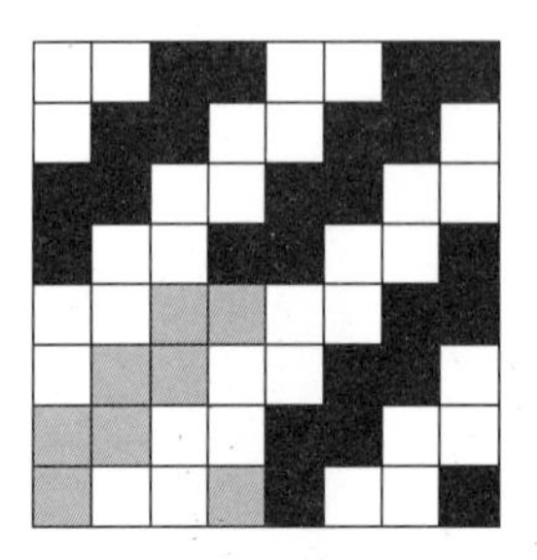

그림 1-25
서지의 조직도

■ **진**(jean)

경·위사에 20s 이상의 면사를 사용하여 2/1 능직으로 제직된 면직물로서 밀도는 46~66×60~90 정도이다. 드릴이나 데님보다 얇아 아동복, 셔츠, 침구 등에 사용된다. 1/2 좌능이 사용되고, '미디 트윌(middy twill)' 이라고도 불리며 탄탄하고 표면은 매끈하다.

■ **캐벌리 능직**(cavalry twill)

경사에 의해 63°의 이중 능선이 보이는 탄력 있고 탄탄한 직물이다. 보통

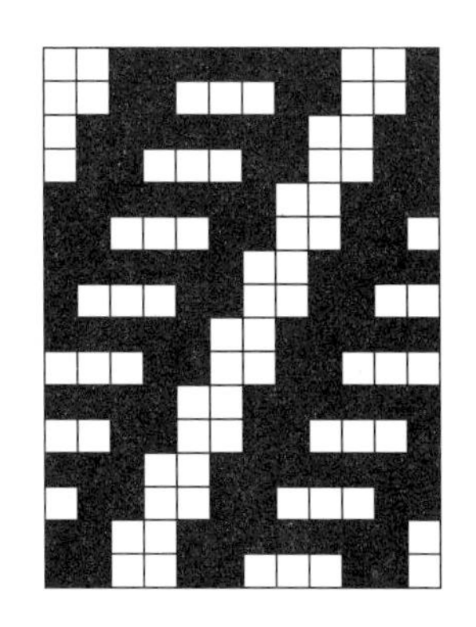

그림 1-26
캐벌리 능직

방모사나 소모사를 사용하지만 레이온 방적사 등의 인조섬유를 사용하기도 한다. 명칭은 기병대의 승마용 바지를 만드는 탄탄한 직물에서 유래한 것으로 승마복 등 스포츠복에 많이 사용된다(그림 1-26).

■ 트위드(tweed)

주로 2/2 능직이지만 파능직, 헤링본, 산형 능직, 능형 능직 등으로도 제직된다. 표면이 거칠고 비교적 무거운 방모직물이며, 트위드는 홈스펀과 실, 촉감, 용도 등이 비슷하여 구별하지 않는 경우가 많다. 트위드는 능직을 말하는 스코틀랜드어로서 일반적으로 홈스턴보다 두껍다(그림 1-27). 수

그림 1-27 트위드

그림 1-28 헤링본

트, 코트, 실내장식에 많이 사용되며, 평직물에도 같은 이름이 사용된다.

■ **헤링본**(herringbone twill)

능직물 중에서 사문선이 일정한 간격을 두면서 반대로 된 파능직으로 그 문양이 청어의 등뼈와 같다는 데서 생겨난 이름이다. 흔히 HBT라고 부르며, 재킷이나 코트 등에 많이 쓰이는 대표적인 변화능직물이다(그림 1-28).

③ 수자직

수자직은 주자직이라고도 하는데, 이 조직은 경사와 위사의 조직점을 될 수 있는 대로 적게 하면서 조직점을 연접시키지 않고 분산시켜 직물의 표면은 경사 또는 위사만 돋보이게 한 직물이다. 표면에 경사가 돋보이는 것을 경수자라고 하고, 위사가 많이 나타난 것을 위수자라고 한다. 그러나 대부분의 수자직물은 경수자이다.

수자직은 조직점이 적고 띄엄띄엄 있으며 실의 굴곡이 가장 적어서 부드럽고 매끄러워 광택이 좋다. 또 조직점이 적어서 구김도 덜 생기며, 장식효과는 좋으나 강도 특히 마찰에는 약하여 실용적이지는 않다.

그림 1-29는 수자직의 모형과 조직도이다. 이 조직도에서 음영으로 조직점이 표시된 바와 같이 경·위사 모두 5올로 한 완전조직을 만들고, 이 단위조직이 반복되어 직물을 완성한다. 그래서 이것을 5매 수자라고 한다. 이 조직도는 위사가 표면에 많이 떠 있어 위수자와 같이 그려져 있으나, 수자직의 조직도는 뒤집은 상태로 그리는 것이 일반적이므로 그림은 경수자의 조직도이다. 5매 수자 외에 8매 수자, 12매 수자 등이 많이 이용되는 수자

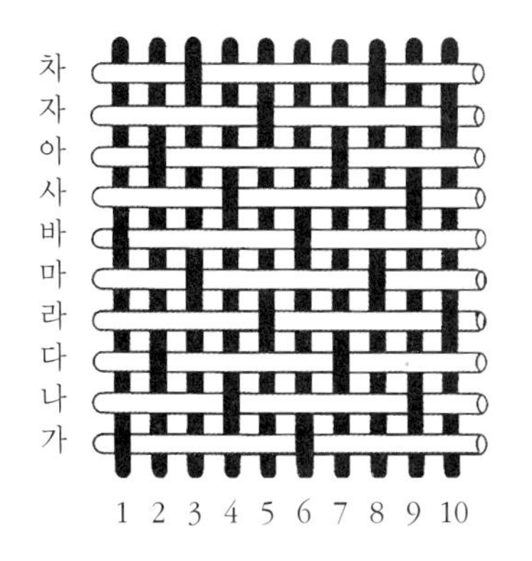

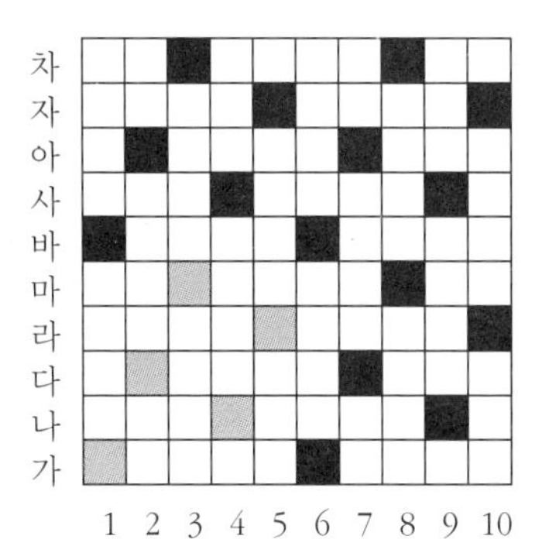

그림 1-29
수자직의 모형(왼쪽)과 조직도(오른쪽)

직이다.

수자직의 일완전조직에서 한 경사는 위사와 단 한번 교차하고, 이 조직점이 연접되어 있지는 않지만 전체적으로 볼 때 사선, 즉 수자선이 나타나게 된다. 이를 없애기 위하여 조직점을 일정한 법칙에 따라 분산시키기도 한다.

수자직에서 한 경사의 교차점과 다음 경사의 교차점과의 간격을 뜀수(counter)라고 한다. 그림 1-30의 5매 수자에서는 한 경사의 조직점은 다음 경사의 조직점과는 2올의 위사 간격을 두고 있다. 즉, 경사 1은 위사 가와, 경사 2는 위사 다와, 경사 3은 위사 마와 교차되어 있다. 그래서 이 수자의 뜀수는 2가 된다.

수자직의 대표적인 예는 공단이며 도스킨, 비니션 등도 수자직물이다.

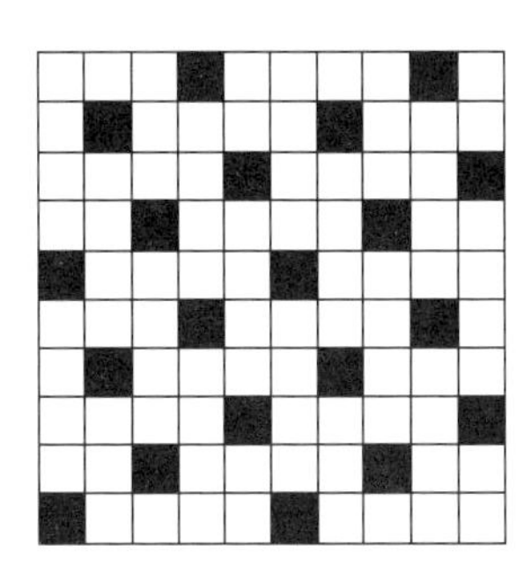

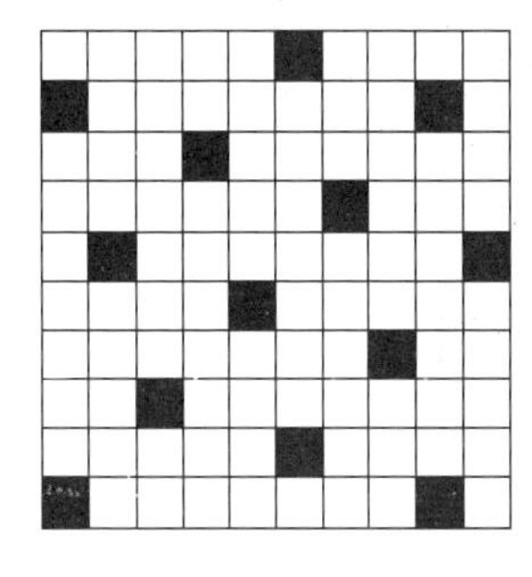

그림 1-30
5매 3뜀 수자(왼쪽)와 8매 5뜀 수자(오른쪽)의 조직도

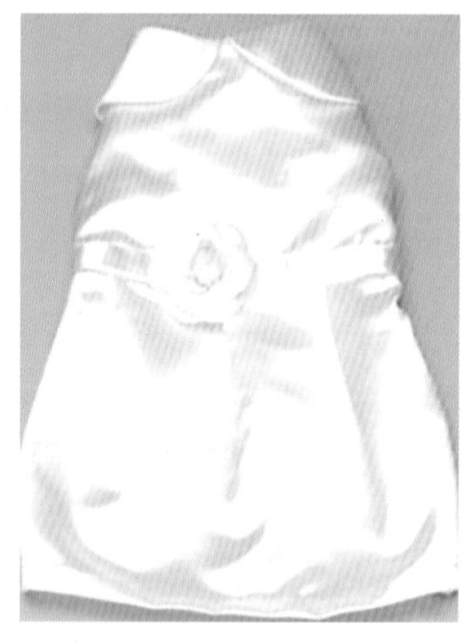

그림 1-31 공단으로 만든 의류 제품

그림 1-32 도스킨

■ **공 단**

무늬 없는 수자직물로 주로 8매 수자조직으로 제직된다. 원래는 견직물에 붙여진 명칭이었으나 요즘에는 아세테이트, 나일론, 폴리에스터 등의 인조섬유로도 많이 생산되며, 견사와 인조섬유의 교직도 있다. 공단은 대표적 수자직물로 실의 굴곡이 적어 유연하며, 표면이 매끄럽고 광택이 좋다. 여성의류, 속옷류, 자수용 직물 외에 실내장식용이나 리본류 등에도 많이 사용된다(그림 1-31).

■ **도스킨**(doeskin)

5매 수자직으로 제직된 모직물로서, 경 · 위사에 모두 소모단사가 사용된다. 제직 후 흑색으로 염색, 축융기모하여 표면의 털을 짧게 깎은 고급 직물로 예복용으로 널리 사용된다(그림 1-32).

■ **비니션**(venetian)

5매 경수자직으로 경사의 밀도가 크고 조직점이 연결되어 가파른 우능선이 나타난다. 경사에는 소모이합사,

위사에는 소모 또는 방모단사를 사용하는 것이 원칙이나 이합사를 사용하는 경우도 있다. 8매 경수자 면직물도 비니션이라고 불리는 경우가 있으며, 위사에 레이온이 사용되기도 한다. 경 · 위사 모두에 방모사를 사용하여 가볍게 축융한 비니션도 있다. 보통 후염한 후 클리어 가공을 하며 수트, 코트 등에 쓰인다.

(2) 변화조직

삼원조직을 기본으로 하여 그 조직을 변화시키거나 몇 가지 조직을 배합하면 변화 있는 직물을 얻을 수 있다.

① 두둑직

변화평직으로 보통의 평직이 한 개구에 위사 또는 경사를 한 올씩 넣는데 비해 두 올 또는 그 이상을 한 개구나 한 종광에 넣어 직물에서 위사방향 또는 경사방향의 이랑이 나타나도록 한 직물을 두둑직이라고 한다.

경사 한 올에 대하여 한 개구에 두 올 또는 그 이상의 위사를 함께 투입하면 경사가 떠올라 위사방향의 이랑이 나타난다. 이것을 경두둑직이라 하는데 그로그레인(grosgrain)이 그 예이다. 리본이나 테이프 등에 많이 사용되는 조직이다. 반대로 경사 두 올 이상을 함께 엮어 경사방향으로 위사가 떠

그림 1-33
그로그레인 제품

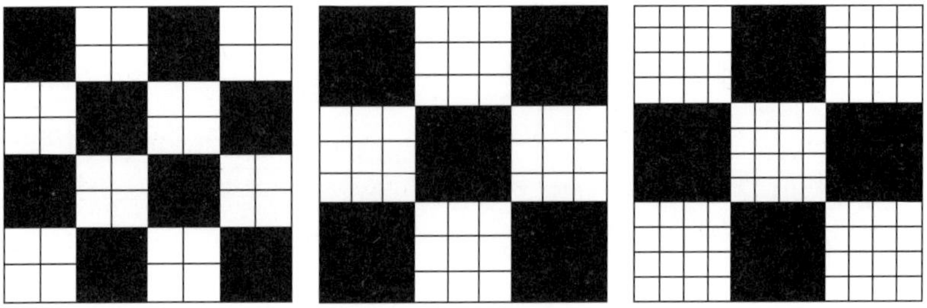

그림 1-34
여러 가지 바스켓 조직

오른 이랑이 나타난 것을 위두둑이라고 한다.

한편 두둑직에서와 같이 직물 표면에 두드러진 효과를 나타내기 위해서 위사에 벌키 가공사 등을 사용하여 제직하기도 한다(그림 1-33).

② 바스켓직

보통의 평직물이 경 · 위사를 한 올씩 엮어 가는 데 비해, 바스켓직은 두 올 또는 두 올 이상의 경사와 위사를 함께 엮어감으로써 특수한 효과를 얻는 조직이다. 변화평직이라고도 하는데, 바구니를 짜는 방법과 같다고 하여 바스켓직이라고 부른다. 바스켓직은 보통 평직에 비해 단위면적 내의 조직점이 더 적으므로 평직물에 비해 부드럽고 구김이 덜 생긴다. 셔츠감으로 널리 사용되는 옥스포드가 바스켓직의 예이다(그림 1-34).

③ 신능직과 파능직

능직물은 경 · 위사의 밀도가 동일하면 사문각은 자연히 45°가 된다. 이것을 정칙능직이라고 하는데, 경 · 위사의 밀도를 달리하면 사문각은 변화한다. 즉, 경사밀도가 위사밀도보다 많아지면 문각은 45°보다 커지는데, 이것을 급능직이라고 한다. 반대로 위사밀도가 많아지면 사문각은 45°보다 작아지는데, 이것을 완능직이라고 한다. 이와 같이 경사 또는 위사의 밀도를 달리하여 사문각을 변화시킨 능직을 신능직이라고 부른다.

한편, 파능직은 사문선을 연속시키지 않고 도중에 끊어 다른 방향으로 연결시킨 능직물이다. 파능직은 양복감으로 널리 이용되는 것으로 앞에서 설명한 헤링본 직물이 대표적이다.

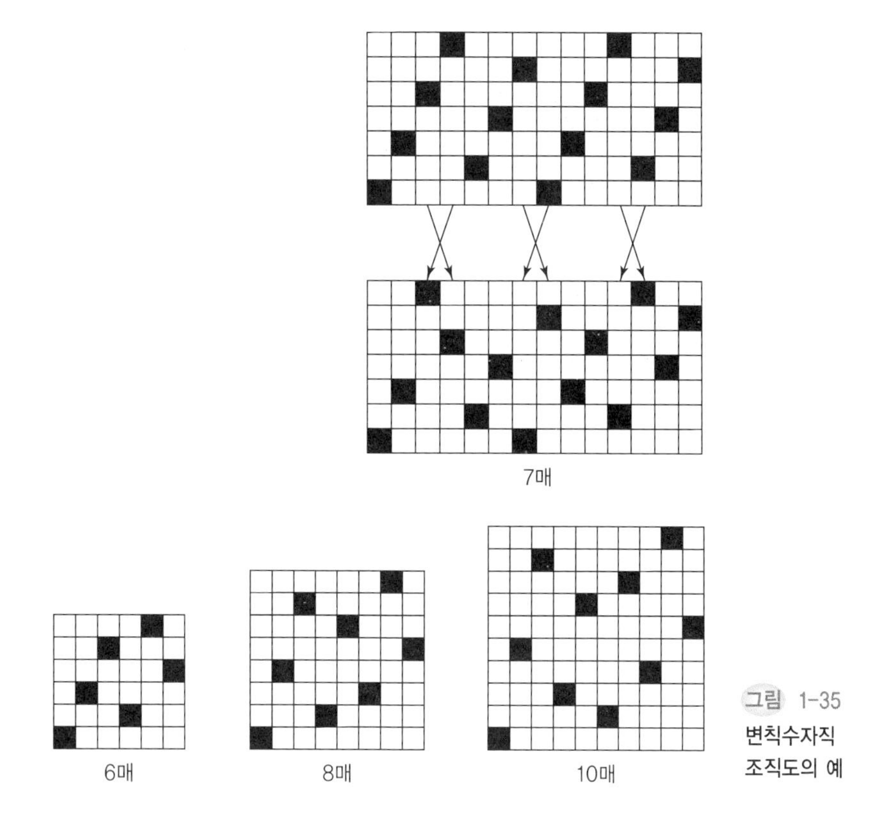

그림 1-35 변칙수자직 조직도의 예

④ 변칙수자직

뜀수가 일정한 정칙수자직과는 달리 조직점을 변칙으로 배열한 수자직을 변칙수자직이라고 하는데, 6매 또는 7매, 8매, 10매에서 변칙수자직이 사용된다.

(3) 도비직과 자카드직

무늬가 있는 직물을 짤 때에 여러 조의 종광틀을 사용하여 나타내고자 하는 무늬에 맞게 개구를 만들어 주어야 하는데, 이와 같이 다양한 형태의 개구를 만들기 위해서 사용하는 장치에 도비와 자카드가 있다.

① 도비직

비교적 간단한 무늬를 만들 때에 도비 장치가 사용된다. 보통 직기 옆에

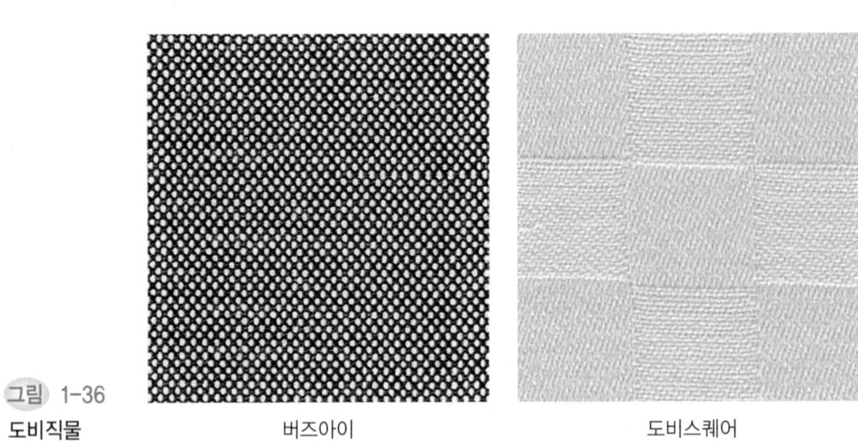

버즈아이　　도비스퀘어

그림 1-36 도비직물

붙여서 사용하고 구멍이 뚫어져 있는 목재 또는 플라스틱 판에 의해 16~32매의 종광의 움직임이 조절되는 장치이다. 따라서 비교적 작은 무늬와 바둑판 무늬 등을 만드는 데 사용된다. 색사를 사용한 깅엄, 버즈아이 또는 베드포드 코드, 피케, 도비스퀘어 등은 도비 장치에 의해 제직되는 직물이다(그림 1-36).

② 자카드직

큰 무늬나 곡선을 나타내기 위해서는 경사 하나하나를 자유롭게 움직일 수 있어야 한다. 이러한 목적을 위하여 개발된 것이 자카드 장치이다. 자카드 직기는 프랑스 사람인 자카드(Jacquard. J. M)에 의해 고안된 것으로, 종

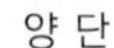

양 단　　브로케이드

그림 1-37 자카드직물

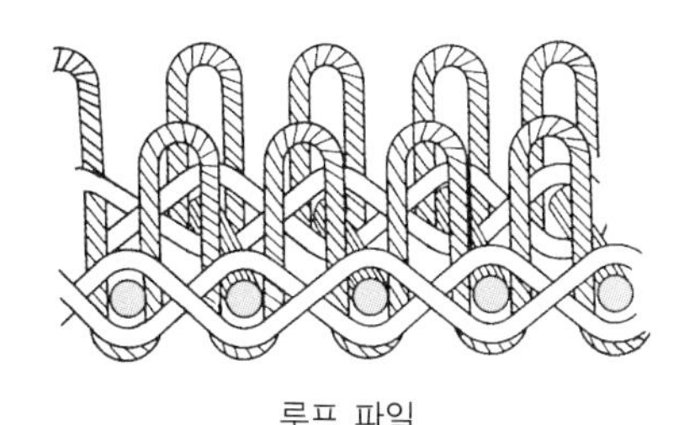

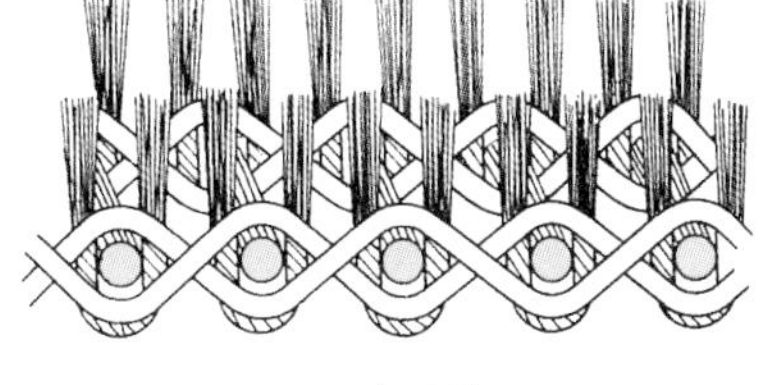

그림 1-38
파일의 형태

광틀을 사용하지 않고 하나하나의 종광이 독립적으로 상하운동하도록 한 것이다. 자카드 직기에 의해 짜여지는 직물에는 양단, 다마스크, 브로케이드 등이 있다(그림 1-37).

(4) 파일직물

첨모직물이라고도 하는데, 짧은 섬유(파일 섬유)를 바탕직물에 수직으로 끼워 넣은 일종의 입체적 직물이다. 파일의 형태는 두 가지이며, 고리 모양으로 심어져 있는 루프 파일과 털다발처럼 심어져 있는 컷 파일이 있다(그림 1-38). 컷 파일은 루프 파일의 가운데를 자른 형태를 나타내고 있다.

파일 직물은 바탕을 만드는 지경사, 지위사 외에 파일을 형성하는 제 3의 파일사를 필요로 한다. 여기에서 경사로 파일을 형성하는 경우를 경파일 직물, 위사로 파일을 형성하는 경우를 위파일 직물이라고 한다.

① 경파일 직물

경파일 직물의 제조방법에는 이중직물법과 철사법이 있다. 이중직물법은 그림 1-39에서 보는 바와 같이 상하 2매의 바탕조직이 있고, 파일경사가 2매의 바탕조직 위사와 교대로 교차하면서 직물 사이를 왕복하게 된다. 이렇게 짜여진 직물을 직물빔(홍두깨)에 감기 전에 칼로 잘라 분리하면 한 번에 두 개의 직물을 얻게 된다.

■ **벨벳(velvet)**

흔히 비로드라고도 불리는 경파일 직물이다. 고급품은 파일경사뿐 아니라 바탕도 견사를 사용하여 바탕에 꼬임이 많은 정련경사와 함께 경사 2올

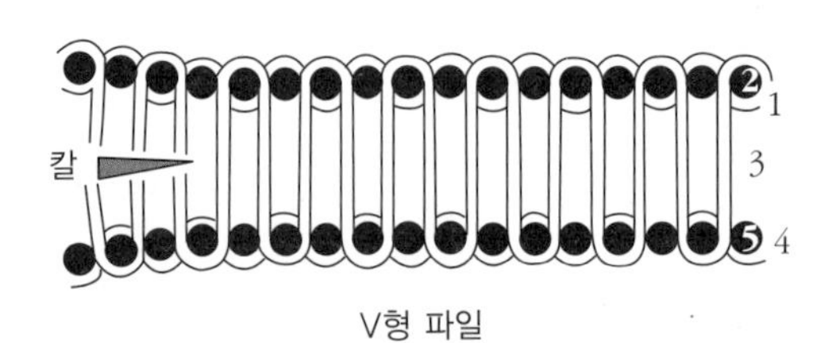

V형 파일

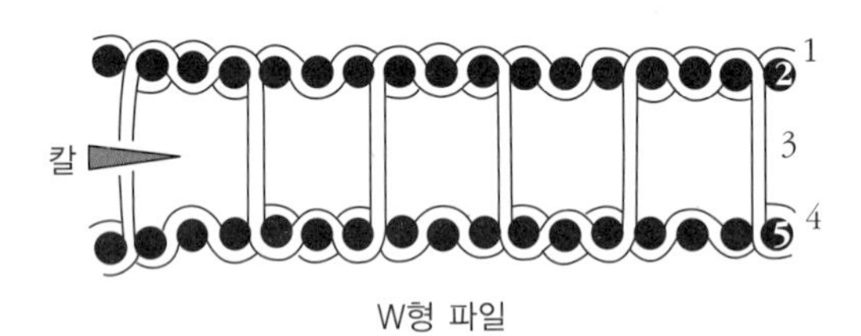

W형 파일

1. 바탕경사(위직물)
2. 바탕위사(위직물)
3. 파일경사
4. 바탕경사(아래직물)
5. 바탕위사(아래직물)

그림 1-39 이중직물법에 의한 경파일 직물의 제조 방법

에 대해 파일경사 1올을 배열하여 제직한다. 일반적으로 바탕에는 면사, 파일에는 작잠사, 방적견사, 인견사, 아세테이트사, 나일론사, 폴리에스터사 등을 많이 사용한다. 바탕조직은 평직 또는 능직이 사용되며, 파일의 길이는 0.3~1mm 정도이다. '벨벳'이란 라틴어에서 온 '벨루스'가 어원인데 이는 '한 뭉치의 양털' 또는 '심은 털'을 뜻한다.

■ 아스트라칸(astrakhan)

바탕조직은 소모사, 면사 또는 인조섬유 스테이플사를 사용하고 파일사로는 양모나 모헤어를 사용한다. 위파일로 제직된 것도 있다. 컷 파일과 루프 파일 두 가지가 있으며, 컷 파일을 플러시 아스트라칸이라고 하고, 루프 파일을 테리 아스트라칸이라고 한다. 코트, 방한모 등에 많이 사용된다.

■ 플러시(plush)

바탕에는 경·위사 모두 면사 또는 다른 스테이플사를 사용하고 파일경사로는 레이온사, 소모사, 면사, 나일론사 등을 사용한다. 파일의 길이는 벨벳보다 길어서 1mm 이상이며, 밀도는 작아 성근 편이다. 인조모피, 숙녀·아동용 코트, 운동복, 숄, 실내장식에 많이 사용되며, 완구 등에도 널리 쓰인다.

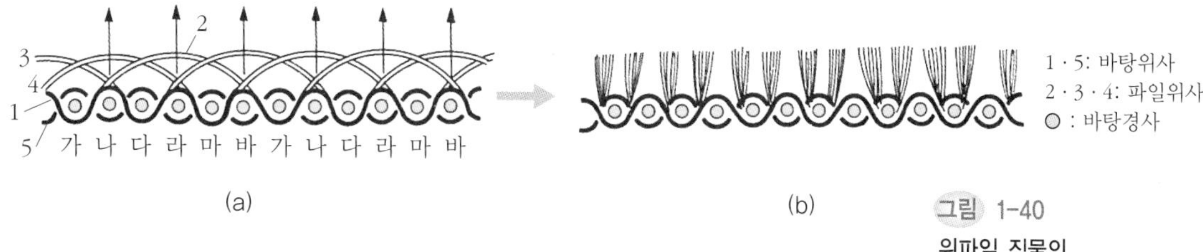

그림 1-40
위파일 직물의 제조방법

② 위파일 직물

위파일 직물은 위사로 바탕위사와 파일위사 두 종류를 써서 이중직으로 짠다. 그림 1-40은 위이중조직으로 만들어진 파일직물을 나타내는데 (a)는 짜여진 직물의 단면을 표시하며 파일위사가 5올의 바탕경사 위에 떠 있다. 이 파일위사를 화살표로 표시된 위치에서 칼로 절단하면 (b)에서 보는 것과 같은 파일직물을 얻게 된다. 모든 파일위사는 절단하여 솔로 문질러 기모하고 적당한 길이로 잘라 정돈된다. 위파일직의 대표적인 것으로는 벨베틴과 코듀로이가 있다.

■ 벨베틴(velveteen)

면이나 기타 방적사로 만들어지는 위파일 직물로 우단이라는 명칭이 더 많이 사용된다. 바탕경사, 바탕위사 외에 파일위사를 넣어 제직한 후 이 위사를 조직점의 중간에서 잘라 짧은 파일이 고르게 분포된 직물이다. 바탕조직은 평직, 능직이 주로 사용되며, 하나의 바탕위사와 다음 바탕위사 사이에 보통 2올 때로는 3~5올의 파일위사를 넣는다. 파일위사는 3~7올의 경사 위에 뜨게 되며 드레스, 아동복, 기타 실내장식에도 사용된다.

■ 코듀로이(corduroy)

벨베틴이 파일사의 조직점을 분산시키는 데 비하여 코듀로이는 경사방향에 직각으로 배열한 파일위사를 절단하여 직물 전체에 경사방향의 파일두둑을 형성한다(그림 1-41). 이 두둑의 폭은 일정하지 않으나 보통 2~3mm 정도인 것이 많다. 코듀로이는 두꺼우면서 부드러워 바지, 작업복, 레저복으로 사용되며, 의복의 캐주얼화에 따라 그 수요가 커지고 있다. 한편 골덴 또는 코르덴으로도 쓰이고 있다.

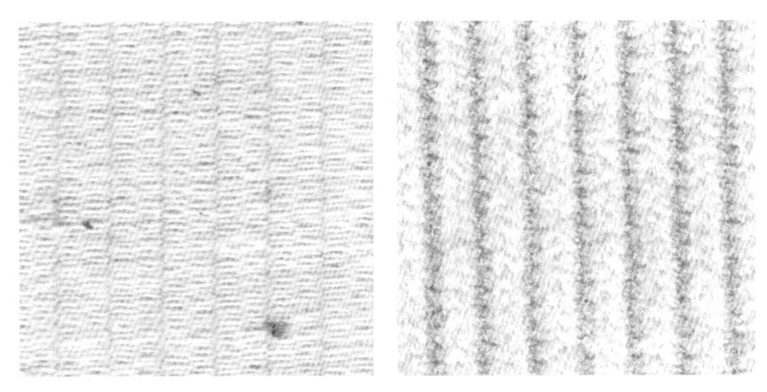

그림 1-41
코듀로이의 제조방법

③ 타월직물

타월직물은 테리 클로스(terry cloth)라고도 하며, 일종의 경파일 직물이지만 그 제조는 앞에서 설명한 파일직과는 다른 독특한 방법이 사용된다. 그림 1-42 (a)는 타월의 제조방법을 설명한 것인데, 1, 2, 3은 바탕위사, 가, 다는 바탕경사, 나, 라는 파일경사를 표시한 것이다. 한쪽면 타월의 경우는 (b)에서와 같이 파일경사 1개를 사용하지만, 양면 타월의 경우는 (c)와 같이 파일경사 2개(나, 라)를 사용한다. 바탕경사와 파일경사는 각각 다른 경사빔에 감아서 직기에 거는데 바탕경사는 조여서 걸고 파일경사는 느슨하게

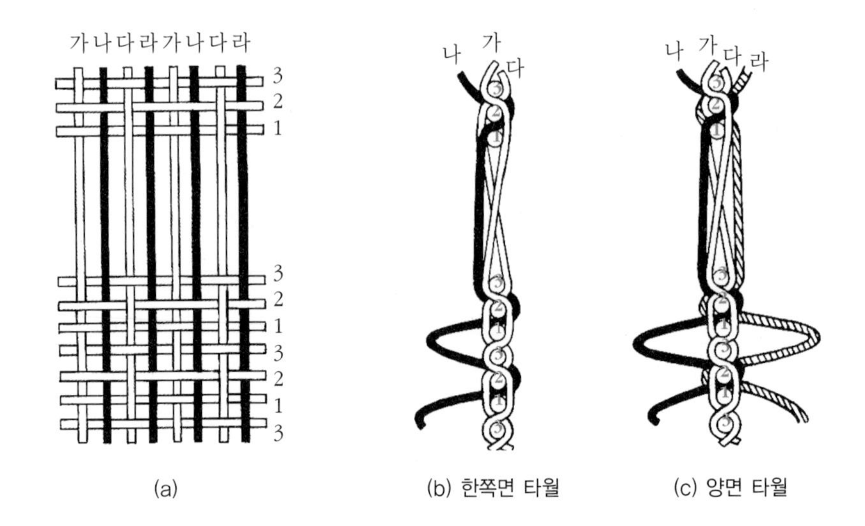

그림 1-42
타월의 제조방법

건다. 보통 직물은 한 북침으로 위사 한 올을 넣을 때마다 바디가 투입된 위사를 쳐서 직물이 짜여지는 경계면까지 밀어붙인다. 그러나 타월직에서는 바디가 1, 2의 위사를 칠 때에는 타월이 짜여진 곳, 5~6mm 앞에서 정지하게 하고 3의 위사를 칠 때에는 1, 2, 3 위사를 함께 타월이 짜여진 곳까지 밀어붙인다. 이때 바탕경사 가, 다는 강하게 조여 있으므로 그 위치에 머물러 밀리지 않으나, 파일경사 나, 라는 느슨하게 있으므로 위사 1, 2, 3에 물려 밀리게 되므로 고리를 형성한다.

■ **벨루어(velour)**

벨루어는 벨벳의 프랑스어로, 밀도가 크고 촘촘한 긴 파일을 갖는 경파일 직물을 말한다. 벨벳보다 무겁고 치밀하며, 부드럽고 광택이 있다. 원래 모로 만들었으나 면, 레이온도 사용되며, 편성물로 만들기도 한다.

④ 터프트 파일직물

터프팅(tufting)이란 바탕천에 바늘을 사용하여 파일을 심는 것을 말한다. 그림 1-43에는 터프팅의 제조방법이 나타나 있다. 그림에서는 하나의 바늘을 예로 들었으나 실제 제작에 있어서는 다수의 바늘이 동시에 직물에 꽂히면서 다수의 루프를 만들고 바늘이 직물에서 빠져 올라오면 바탕옷감은 일정한 거리를 이동하고 다시 바늘이 직물에 꽂혀 루프를 만든다. 물론 이 루프를 절단하면 컷 파일을 얻게 된다. 이와 같이 얻어진 파일직물은 파일사를 풀어헤치든가 가공에 의해 바탕직물을 수축시키는 등의 처리에 의하여 파일이 고정된다. 일반적으로 다른 파일직물에서와 같이 제직과정에서 파일을 고정시키는 것이 아니고 터프팅 후 바

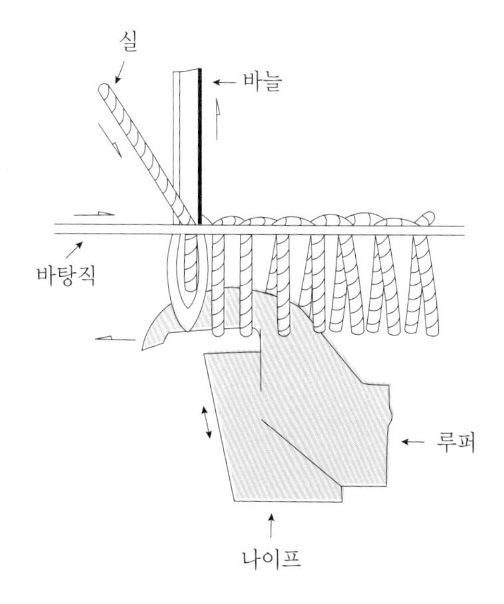

그림 1-43 터프트 파일직물의 제조방법

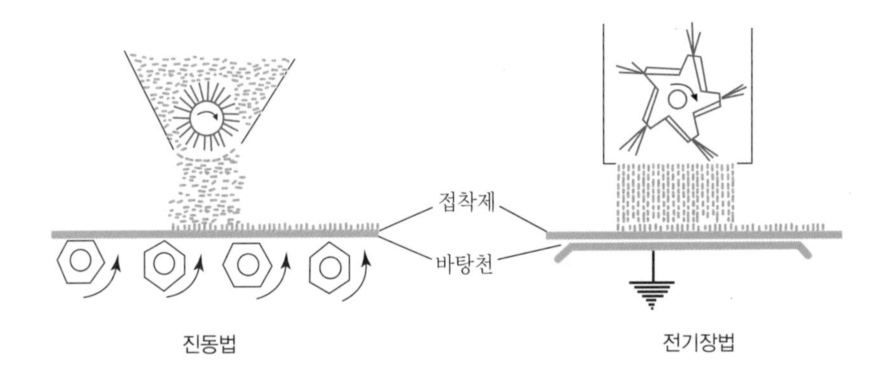

그림 1-44 플록 파일의 제조방법

탕직물 뒤편에 라텍스 고무 또는 접착제를 처리하는 경우가 많다. 그래서 터프트 파일직물은 일반 의복용으로 사용하기에는 너무 딱딱한 느낌을 준다. 터프트 파일직물에 사용되는 바탕천들은 대개 면포나 마포가 사용되고, 파일사는 용도에 따라 여러 가지 섬유가 사용된다. 터프트 파일의 제조속도는 매우 빠르고 제조비용도 일반 파일직에 비하여 적게 든다.

⑤ 플록 파일직물

바탕천에 짧은 섬유, 즉 플록(flock)을 심어 만든 직물을 말한다. 파일을 심는 방법에는 플록을 산포하면서 바탕천 아래쪽에서 비터(beater)로 진동해 주어 플록이 접착제 위에 수직으로 떨어지거나 고압 전기장을 이용하여 플록을 직립 흡착시키는 방식으로 균일하게 심는 방법이 사용된다. 바탕천으로는 여러 가지 조직의 직물이나 트리코, 부직포, 필름 등이 사용되지만, 의복용으로는 경편성물인 트리코가 많이 쓰인다. 파일로는 거의 모든 섬유가 이용되지만 레이온이 값도 싸고 절단하기가 쉬워 가장 널리 사용된다. 플록 파일직물은 옷감이나 실내장식, 선물용 상자 커버 등의 보호용으로 널리 쓰인다. 내수성이 없는 접착제를 사용할 경우, 일회용 포장재 등으로 이용된다(그림 1-44).

⑥ 셔닐 직물

셔닐 직물은 완성된 형태를 보면 파일 직물이지만, 제직방법은 다른 파일 직물과 다르다. 경사에는 보통 실을 사용하고 위사에는 셔닐사(그림 1-45)

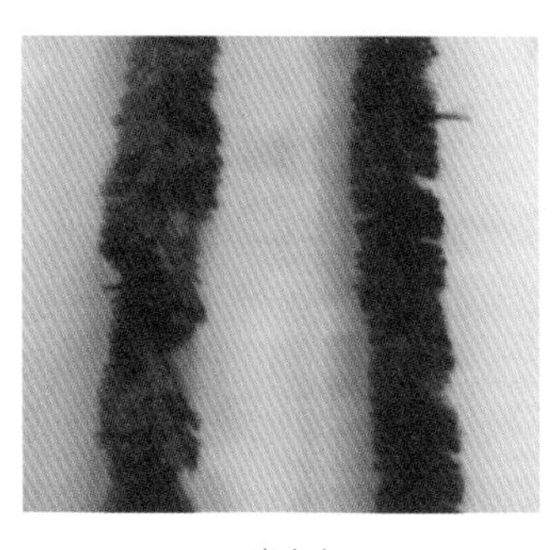

셔닐사

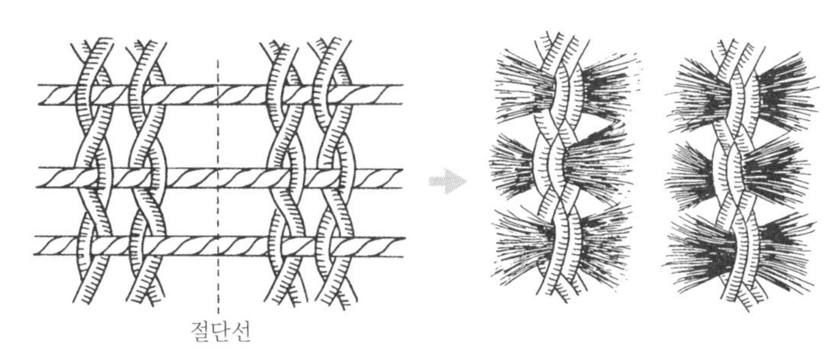

제조원리

그림 1-45
셔닐사와 제조방법

를 사용하여 평직으로 제직하지만 셔닐사의 털이 직물의 표면에 나타나므로 파일 직물과 같은 효과를 얻게 되는 것이다. 셔닐사는 그림 1-45에서 보

표 1-2 파일직물의 제조방법과 종류

방법	유형과 종류	옷감명과 용도	구분 및 특성
제직	• 파일위사 끼워 넣은 후 절단 → 파일 정리 • 이중직물 제직 후 절단, 분리 • 철사법 • 실을 느슨하게 넣음	• 벨베틴, 코듀로이 • 벨벳, 벨로아 • 윌턴, 벨벳 카펫 • 타월, 편면 모포	• 위파일 • 경파일 • 경파일 • 경파일
편성	• 위편 : 실을 넣어 편성하거나 슬라이버 편성 • 경편 : 실을 넣어 편성하거나 루프 파일	• 벨로아 • 플리스, 인조모피	• 스트레치성, 뒷면에 편성줄이 있음 • 안정적(튼튼)
터프팅	• 바탕직물에 실을 끼워 넣음	• 러그, 카펫, 가구용, 인조모피	• 안쪽에 기계 스티치 줄
플로킹	• 바탕직물에 접착제로 파일을 심음	• 모포, 재킷, 가구용, 직물 디자인에 활용	• 파일 간격이 조밀함
셔닐사	• 제직에 의해 셔닐사를 만들고 이 실로 편성 또는 제직	• 가구용, 수편용	• 파일이 빠지면 끼워져 있던 공간이 보임

는 바와 같이 일종의 장식사로서, 경사 몇 올을 조금씩 간격을 두고 배열하고 파일이 될 실을 위사로 제직한 후에 경사 사이의 간격이 있는 곳에서 경사 방향으로 잘라 약간의 꼬임을 주어 얻는다. 셔닐사에 붙은 털은 길이가 다양하고 직물의 표면 또는 양면 모두에 나타나게 제직할 수 있다.

(5) 크레이프류

직물의 표면이 평활하지 않고 오톨도톨하여 특별한 감촉을 주는 직물을 크레이프류라고 하며, 그 제조방법에 따라 강연사로 제직하는 크레이프와 크레이프직(crepe weave) 두 가지로 분류한다. 또한 제직에 의하지 않고 가공에 의해서 크레이프 효과를 나타낸 직물도 있다(표 1-3).

① 크레이프

경사 또는 위사, 때로는 경 · 위사 모두에 강한 꼬임을 준 실을 사용하여 제직한 후 크레이프 가공한 것으로, 실의 강한 꼬임이 풀리면서 얻어진 직물의 표면은 평활하지 않고 오톨도톨해진다.

경사에 강연사를 사용한 것을 경크레이프, 위사에 강연사를 사용한 것을 위크레이프라고 한다. 깔깔한 느낌을 주며 신축성이 좋고 구김도 덜 생기지만 세탁에 의해 크게 수축될 수 있다.

표 1-3 여러 가지 크레이프 직물

제조방법	강연사로 제직	텍스처사로 제직	조직에 의해	가공에 의해
특성	크게 수축되고 곰보효과는 영구적이며, 신축성이 있다.	곰보효과는 영구적이고 수축률은 낮으며, 신축성이 적다.	사용 중 요철이 없어지지 않고 신축성이 적으며, 수축률이 낮다.	세탁 · 사용 등에 의해 요철은 풀어지고, 수축률이 낮으며, 신축성이 적다.
직물	플랫 크레이프, 시폰, 조젯	힙트크림	시어서커, 아문젠	엠보싱, 리플

■ **오리엔탈 크레이프**(oriental crepe)

경사에 서로 다른 방향으로 꼬임을 준 강연사를 두 올씩 교대로 배열하고 위사에는 무연사를 사용하여 평직으로 제직한 경크레이프 직물이다. 주로 레이온이 사용되며 위사에 강연사를 사용한 위크레이프와는 달리 조젯 크레이프와 비슷한 특성을 나타낸다. 견직물로도 제조되어 드레스 등에 사용된다.

■ **조젯 크레이프**(Georgette crepe)

경 · 위사 모두 강연사를 사용하며 서로 다른 방향으로 꼬임을 준 실 2올씩을 교대로 경 · 위사로 배열하여 평직으로 짠 후에 정련하여 표면을 오톨도톨하게 만든 아주 얇은 직물이다. 견, 모, 레이온, 나일론, 폴리에스터 등으로 만들어져 베일, 여성복, 커튼 등에 사용된다.

조젯 크레이프에서 경사에 강연사 외에 무연의 레이온사 한 조를 교대로 더 사용하고 제직 후 내산호료로 무늬를 날인하고 황산처리를 하면 호료가 없는 부분의 레이온사는 용해되어 떨어져 나가므로 레이온사로 된 무늬가 나타난다. 이것을 오팔 조젯(opal finished georgette crepe) 또는 번아웃(burn-out)이라고 한다(그림 1-46).

■ **크레이프 드 신**(crepe de chine)

경사에 무연사, 위사에 꼬임 방향이 다른 강연사를 두 올씩 교대로 투입한 견직물로 플랫 크레이프나 팰리스 크레이프에 비해 경사밀도가 작고 위사의 꼬임이 많아서 더 오톨도톨하다. 드레스, 블라우스 등에 가장 많이 사

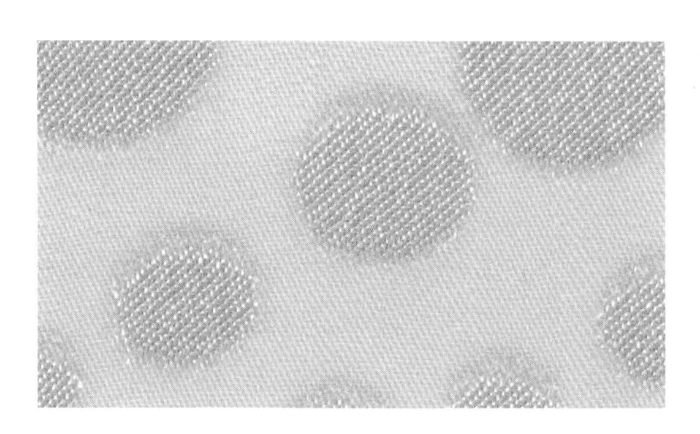

그림 1-46
번아웃 직물

용되는 견직물이다.

드 신(de chine) 또는 프렌치 크레이프(French crepe)라고도 부른다.

■ **팰리스 크레이프**(palace crepe)

경사에 무연사, 위사에 꼬임 방향이 다른 강연사를 2올씩 교대로 투입하여 평직으로 짠 크레이프 직물로서, 위사의 꼬임수는 크레이프 드 신보다 작아서 곰보효과가 뚜렷하지 않다. 경사밀도가 위사밀도보다 크다.

■ **크레이프백 새틴**(crepe-back satin)

경사에 무연의 생사를, 위사에 꼬임방향이 다른 강연사를 두 올씩 교대로 사용한 경수자직물이다. 직물의 표면은 부드러운 광택을 가지며, 이면은 크레이프 효과를 낸 것으로 새틴크레이프(satin crepe)라고도 한다. 광택이 없는 쪽을 표면으로 쓰는 직물은 새틴백크레이프(satin-back crepe)라고 한다. 드레스, 블라우스, 안감에 많이 쓰이는 크레이프 직물이다.

■ **뉴톤**(figured crepe)

경사에는 꼬임이 없는 실, 위사에 강연사를 사용하여 경사로 무늬를 나타낸 크레이프 견직물(문축면)이다. 흔히 유똥이라고 하며 유연하고 촉감이 부드러운 직물로, 제직 후에 염색하는 후염이 일반적이다. 한복, 블라우스, 침구 등에 사용된다.

② 크레이프직

직물조직에 의해서 곰보효과를 나타낸 것이 크레이프직이다. 제직 시 도비장치를 사용하며, 능직이나 수자직의 변화조직에 조직점을 가감하거나 서로 다른 두 가지 이상의 조직을 배합하여 조직점이 불규칙하고 복잡하게 배치되어 표면이 오톨도톨하게 보이는 직물이다. 표면이 오트밀과 유사하다고 하여 오트밀이라고 부르기도 하며, 배(梨) 껍질과 같다고 하여 이지직이라고도 한다.

아문젠(Amunzen)이란 크레이프직으로 짜여진 순모직물(울 크레이프)에 붙여진 이름으로 탐험가 아문젠의 이름을 딴 일본식 용어이다.

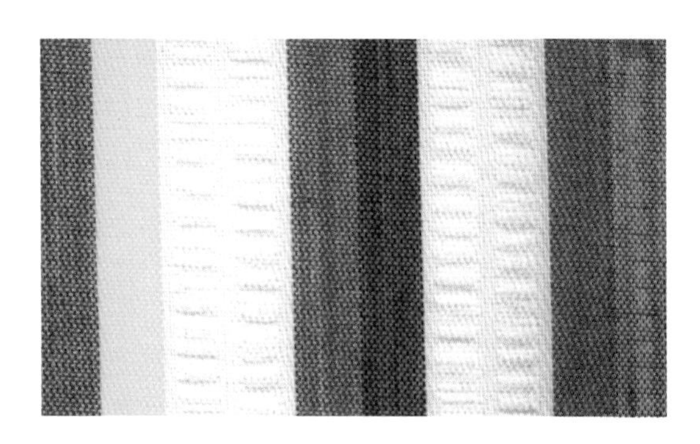
그림 1-47 시어서커

③ 시어서커

제직 시 두 개의 경사빔을 사용하여 한쪽 빔 경사의 장력을 늦추어 주면 늦추어진 경사는 직물 속에 여유 있게(정상보다 1.5배 정도) 들어가서 그 부분은 파형을 만들어, 얻어진 직물은 표면이 평활하지 않고 요철 줄무늬를 이루게 된다. 대개 색사를 사용하여 줄무늬를 만든 것이 많다. 서커(sucker)라는 줄임말이 쓰이기도 한다.

한편 나일론 같은 인조섬유는 제조 시에 받는 장력에 의한 신장이 열처리하면 수축되는 성질이 있으나, 열가소성이므로 일단 열처리되면 그 이상 수축되는 일이 없다.

이와 같은 성질을 이용하여 열처리된 원사와 처리하지 않은 원사를 교대로 넣어서 제직하고 열처리하면, 미처리의 원사가 수축되는 데 따라 열처리된 원사는 여유가 생겨 파상으로 되어 시어서커를 만들 수 있다.

땀이 나도 몸에 붙지 않고 시원하며 다림질이 필요 없어서 여름옷, 셔츠, 파자마 등에 많이 사용된다(그림 1-47).

(6) 사직과 여직

일반직물은 경사가 위사와 평행으로 배열되면서 교차하고 있다. 그러나 사직은 그림 1-48에서 보는 바와 같이 1과 2 두 가지 경사가 있어서, 한 경사는 보통 직물에서와 같이 직선상으로 위사와 교차하나 다른 경사는 규칙적으로 직선으로 교차한 경사의 좌우로 왕래하면서 경사와 위사를 얽고 있

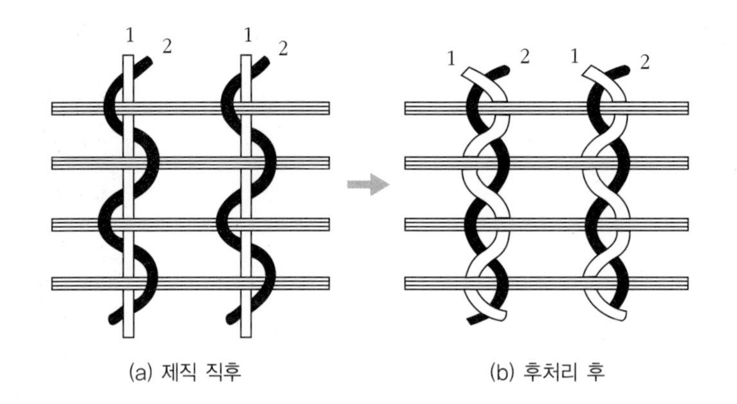

그림 1-48 사직의 구조

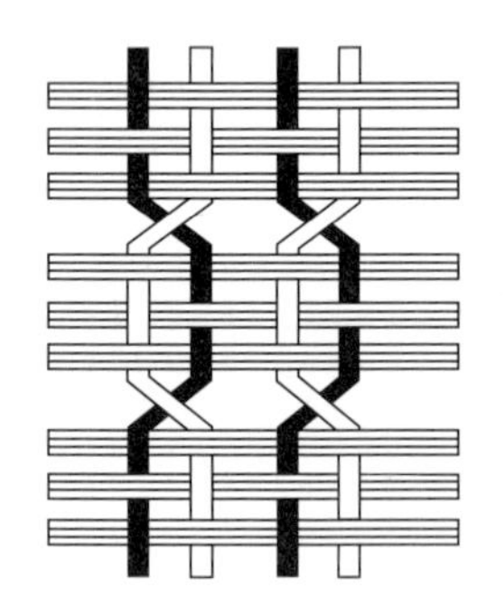

그림 1-49 여직의 모형

으므로 실이 밀리지 않아 공간을 그대로 유지할 수 있다.

그림 1-48(a)는 직조과정에서 경사와 위사의 관계를 표시한 것이며, 직조 후 정리하여 장력이 평형되면 (b)와 같은 직물이 얻어진다. 이와 같은 조직을 사직 또는 익직이라고 한다. 사직을 거즈(gauze)라고 부르는 경우도 있으나, 거즈는 엷은 평직물로서 의료용으로 사용되는 직물을 말하는 것이다.

한편 그림 1-49와 같이 위사 3올 또는 그 이상의 위사마다 경사가 규칙적으로 위사를 얽어가거나 평직과 사직을 배합하여 제직하기도 하는데 이러한 조직을 여직이라고 부르기도 한다.

사직이나 여직은 큰 공간을 가진 직물이므로 주로 여름 의복용으로 사용되며 모기장, 글라스 커튼(레이스 커튼) 등에도 사용되고 있다.

① 갑 사

경 · 위사 모두 생사를 사용한 대표적인 견사직물이다. 바탕은 그림 1-50과 같이 변화사직이며, 무늬는 사직인 부분과 평직부분으로 이루어진다. 무늬 없는 직물을 순인이라고도 하였다.

갑사는 문양에 따라 다양한 명칭(칠보문, 수운문, 수접문, 완자문갑사 등)이 사용되었으며, 근래에는 견 외에 나일론, 폴리에스터도 많이 사용된다. 한복, 침구 등에 널리 쓰인다.

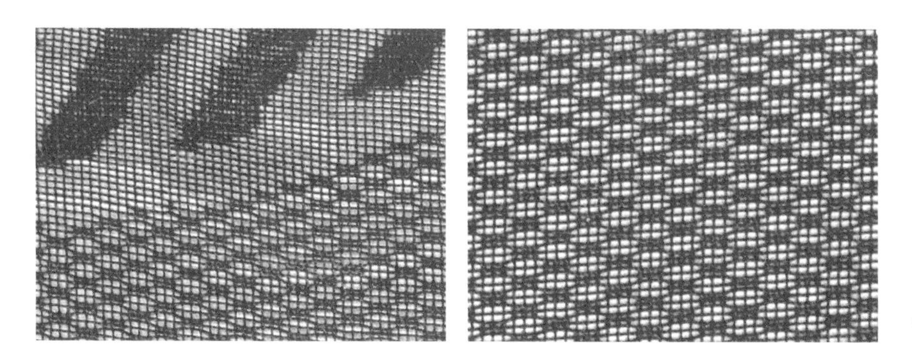

그림 1-50 갑사

② 고 사

사직과 평직을 혼합한 조직이며, 이 조직으로 된 직물에는 생고사와 숙고사가 있다(그림 1-51).

생고사는 경 · 위사에 생사를 사용한 직물로 사직 바탕에 평직의 작은 무늬가 고루 흩어져 있어 숙고사보다 비쳐 보인다. 견 외에 나일론, 폴리에스터도 같은 조직으로 제직되어 생고사로 불리며, 여름용 한복에 널리 쓰인다.

숙고사는 바탕이 평직이고 사직으로 된 무늬가 있으며, 원형의 문자나 표주박, 구름무늬가 있는 것이 많고 견 외의 합성섬유로도 제직된다. 경 · 위사에 정련사를 사용한 광택 있는 직물이며, 생고사에 비해 다소 두껍다.

③ 항 라

평직과 사직이 일정한 간격으로 배합되거나 경사가 일정한 올수마다 위사를 얽어 가로선이 나타나는 여직물이며, 평직부분의 위사 올수에 따라 삼

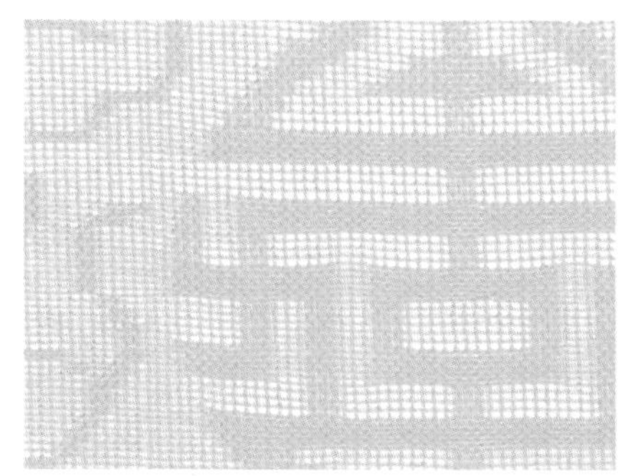

생고사

숙고사

그림 1-51 생고사와 숙고사

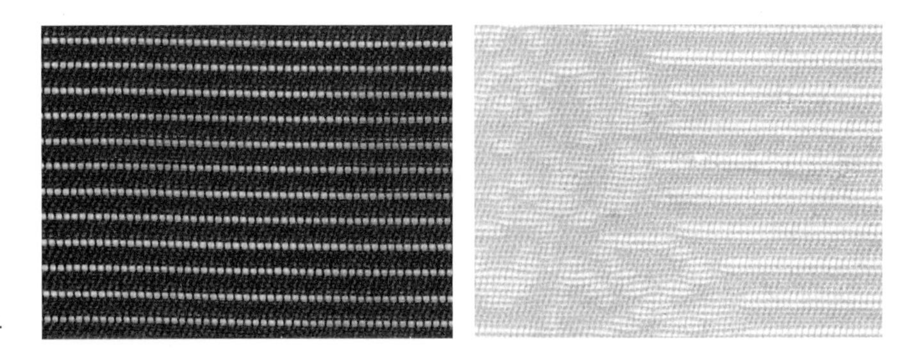

그림 1-52 항라

족항라, 오족항라 등으로 부른다. 견섬유 외에 나일론, 폴리에스터 등의 합성섬유로도 제직되며, 생사로 촘촘히 짠 것을 당항라, 중간에 무늬가 있는 것은 문항라라고 부른다(그림 1-52).

4. 편성물

편성물은 하나 또는 여러 개의 실이 코(고리)를 만들고 이 고리에 실을 걸어 새 고리를 만드는 것을 되풀이하여 만든 옷감이다. 직물에 비해 제조속도가 매우 빠르고 신축성이 좋으며, 가볍고 구김이 잘 생기지 않는 등의 장점이 인정되어 옷감으로 점차 많이 쓰이고 있다.

편성물은 편성방법에 따라 위편성물과 경편성물로 구분할 수 있으며, 그 성능이 다르므로 자연히 용도도 달라진다. 또한 편성물은 코(loop)의 연결방법에 따라 여러 가지 조직이 있으며, 조직에 따라 그 특성이 달라진다.

1) 편성물의 구조

편성물은 고리(코, loop)의 연결에 의해 이루어지는 옷감을 말하는데, 편성의 수단에 따라 수편성물과 기계편성물이 있다. 우리가 학습하는 내용은 주로 편성용 기계에 의해 제조되는 기계편성물에 대한 것이다.

편성물을 흔히 메리야스라고 부르며, '양말'이라는 뜻에서 왔다. 이것은 처음에 편성물이 주로 양말의 소재로 사용된 데서 유래한 것으로 볼 수 있으며, 그 후 편성물이라는 뜻으로 확대 사용된 것이다. 오늘날에는 편성물을 메리야스라고 부르기보다는 니트(knit)라고 부르며, 메리야스는 주로 내의용 평편 위편성물을 말한다.

편성물은 구조와 편성방법에 따라 크게 두 가지로 구분된다. 즉, 한 가닥의 실이 고리를 엮으면서 좌우로 왕래하여 평면상의 편성물을 만들거나, 원형으로 진행하면서 원통상의 편성물을 만들게 되는데, 이를 위편성물이라고 한다. 이와는 달리 직물에서와 같이 많은 경사를 사용하고, 이들 경사들이 고리를 만들면서 좌우에 있는 실을 엮어 만드는 편성물을 경편성물이라고 한다.

편성물의 편성에 사용되는 바늘에는 래치(latch)바늘과 수염(탄성)바늘, 래치바늘을 변형시킨 복합바늘(complex needle) 세 가지가 있다.

래치바늘에는 후크(hook)가 있고 그 아래쪽에 상하로 개폐되는 래치가 있다. 처음 하나의 코를 만들어 바늘에 걸어주면 바늘이 코를 건 상태로 올라가고, 이 코에 의해 래치가 열리면서 실이 공급되어 후크에 걸리게 된다. 바늘이 다시 내려가면서 래치는 닫히고 후크가 코에 걸리지 않고 통과하여

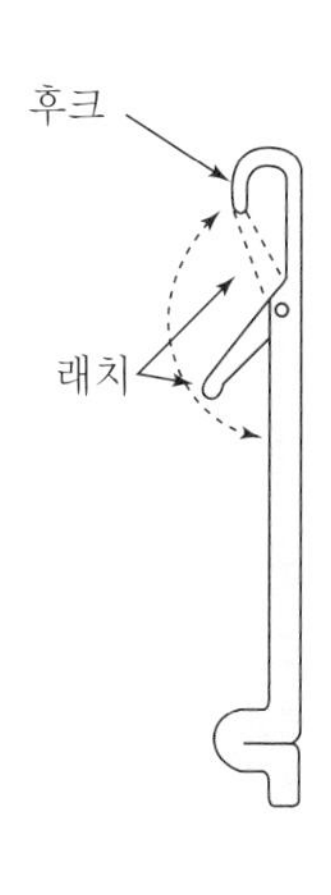

래치바늘

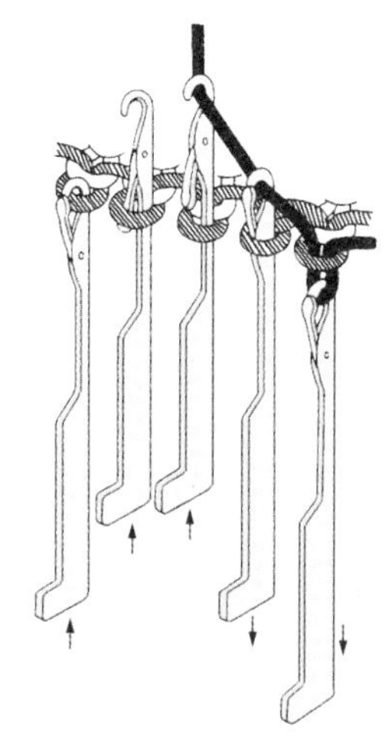

래치바늘에 의한 편성법

그림 1-53
래치바늘과 편성법

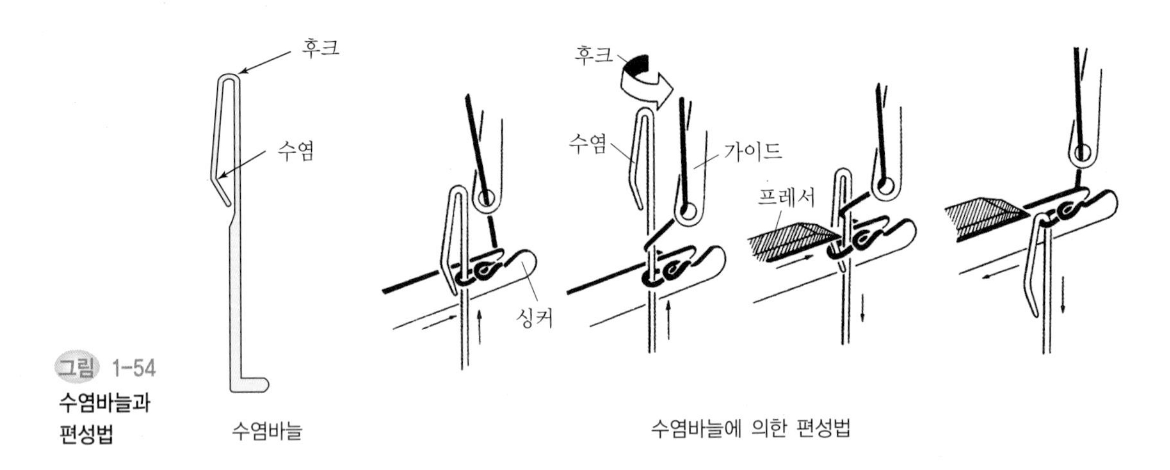

그림 1-54 수염바늘과 편성법

걸렸던 실이 코를 만들고 처음의 코가 벗겨지게 된다. 이렇게 코를 만들어 새 코가 형성되는 것이다.

수염바늘의 수염은 스프링의 역할을 하게 되어 있다. 수염바늘을 사용하는 편성기에는 수염바늘 외에 코를 잡아주는 싱커(sinker), 바늘에 실을 걸어 주는 가이드(guide) 그리고 바늘이 코를 통과할 때 수염을 눌러주는 프레서(presser)가 있다. 수염바늘에 의해 편성물이 만들어지는 과정은 싱커가 전진하여 코를 잡아 주면 바늘이 올라가고, 가이드가 바늘에 실을 걸어준 다음 바늘이 내려가면 프레서가 전진하여 수염을 눌러주므로 수염이 코에 걸리지 않고 통과하여 새 코가 완성된다. 보통 한 바늘에 두 개 또는 그 이상의 가이드 바가 있고, 가이드 바마다 경사가 한 올씩 끼어 실을 바늘에 걸어주는 역할을 한다.

복합바늘은 래치바늘의 래치와 훅을 분리시켜 놓은 형태로서 래치바늘로 편성할 때 래치가 열리고 닫히는 거리를 단축시켜 놓은 것이다. 따라서 제편속도가 래치바늘에 비해 현저히 빠르다. 래치의 역할을 하는 부분은 여러 개가 한데 붙어 있으며, 후크 부분은 탄성바늘 형태와 비슷하다.

편성물에 있어서 직물의 경사열에 해당하는 길이 방향을 웨일(wale)이라고 하고, 직물의 위사열에 해당하는 폭 방향을 코스(course)라고 부른다. 위편성은 코스 방향으로 코를 만들면서 진행되며, 경편성은 웨일 방향으로 코

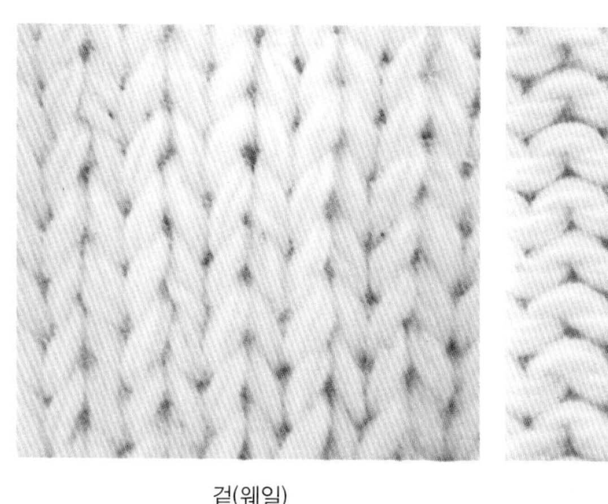
겉(웨일)

안(코스)

그림 1-55
위 편성물의 겉(웨일)과 안(코스)

를 만들면서 진행되므로 편성물의 폭에 해당하는 수만큼의 경사가 필요하다.

편성물의 게이지(gauge)란 직물에서의 밀도에 해당하는 것으로 편성기의 단위너비(보통 1인치) 사이에 있는 바늘의 수를 말한다. 즉, 게이지값이 클수록 편성물의 밀도는 커 조밀한 편성물이 된다.

2) 편성물의 특성

편성물은 신축성이 크고, 투습·통기성도 우수하여 쾌적한 의류소재로 인정되며, 높은 방추성 등 관리적인 측면에서도 우수한 옷감이다. 근래에 소비자들의 의류소재에 대한 주요 요구성능이 기능성 및 관리의 편의성으로 관리가 용이하고 내구성이 있으면서도 활동성이 좋은 소재를 선호하는 경향이 있다. 이러한 경향과 함께 편성물의 수요는 더욱 증대되고 있다. 또한 여가시간의 증가와 함께 스포츠, 레저복으로서의 편성물의 수요도 크게 증가하고 있다.

직물과 비교할 경우 편성물은 대체로 다음과 같은 특성을 가지고 있다.

(1) 신축성

편성물은 느슨한 루프에 의해 편성되므로 외부의 힘에 의해 쉽게 루프의 변형이 생기게 되어 직물보다 큰 신장이 생긴다. 보통 직물의 신도는 10~20%이지만 편성물의 신도는 경편성물이 40~100%, 위편성물이 100~200%이다.

인체가 활동을 할 때 신체는 부위에 따라 40%까지도 신장될 수 있다. 따라서 직물로 된 옷은 신도가 부족하여 운동할 때 신체의 활동이 자유롭지 못해 불편을 느낄 수 있다. 그러나 편성물은 이 정도의 신장에는 전혀 무리가 없어서 활동이 자유롭고, 신장되었다가도 쉽게 원상태로 회복된다.

(2) 유연성

편성물에서는 섬유와 실이 비교적 자유롭게 움직일 수 있어 대단히 부드럽고 유연하며, 편성물로 만든 옷은 구속감을 주지않아 활동이 자유롭다. 그러나 형체 유지능력이 부족하며, 또 장시간의 착용이나 세탁에 의해 치수와 형태가 변하기 쉽다.

(3) 방추성(내추성)

섬유와 실의 자유도가 커서 구김이 잘 생기지 않으며, 세탁 후에도 다림질이 거의 필요없다.

(4) 함기율

편성물은 일반 직물에 비해 함기율이 커서 보온성이 좋고, 통기성과 투습성이 좋아 대단히 위생적인 옷감이다.

(5) 전 선

편성물에서 한 루프가 끊어지면 사다리꼴로 코가 계속하여 풀리는 현상이 일어나는데, 이것을 전선이라고 한다. 전선현상은 편성물의 큰 결점 중의 하나이지만 양면 편성물이나 트리코 등에서는 이러한 전선현상이 나타나지 않는다.

그림 1-56
편성물의 컬업

(6) 컬 업

대부분의 편성물은 가장자리가 휘말리는 성질이 있는데, 이것을 컬업(curl up)이라고 한다(그림 1-56). 이 때문에 편성물은 재단과 봉제가 어렵다. 그러나 양면 편성물은 이러한 현상이 없어서 재단·봉제 시에도 아무런 문제가 없다.

(7) 내마찰성

편성물은 마찰에 의해, 모제품은 축융이 되어 두터워지고 수축되기 쉬우며 인조섬유 제품은 필링이 생기는 등 표면의 형태가 변화되기 쉽고 마찰강도도 좋지 못하다.

3) 위편성물

(1) 위편성물의 편성

위편성물은 대바늘을 사용한 수편물을 그대로 기계화한 것이다.

위편성물의 편성에 쓰이는 기계에는 환편기와 횡편기 두 종류가 있다. 환편기는 편침이 원형으로 배열되어 있어 원통상의 편성물이 얻어지며, 편성 속도가 대단히 빠르다.

환편기

횡편기

그림 1-57
위편성기

횡편기는 편침이 직선으로 배열되어 실이 좌우로 왕래하면서 편성하므로 평면상의 편성물이 얻어지며 스티치를 증감할 수 있어 편성물의 크기와 모양의 조절이 가능하고 풀 패션(full fashion) 제품을 만들 수 있다. 풀 패션은 필요한 크기와 모양으로 편성하여 재단할 필요없이 꿰매어 만든 옷(스웨터 제작에 주로 사용)이나 다리 모양대로 만든 스타킹 등을 말한다.

(2) 조 직

직물에 여러 가지 조직이 있는 것과 같이 편성물에도 코의 연결방식에 따라서 여러 가지 조직이 있는데 그 기본이 되는 조직은 평편, 고무편 그리고 펄편 세 가지이며, 그 밖에 여러 가지 변화조직이 있다.

① 평 편

편성물의 가장 기본적인 조직으로 저지(jersey stitch)라고도 한다. 평편조직에서는 표면에 웨일만이 나타나 있고 안쪽 면에는 코스만이 나타나 있어 겉과 안이 뚜렷이 구별된다(그림 1-55).

평편은 다른 편성조직에 비해 가볍고 편성속도가 빠르므로 스웨터, 셔츠,

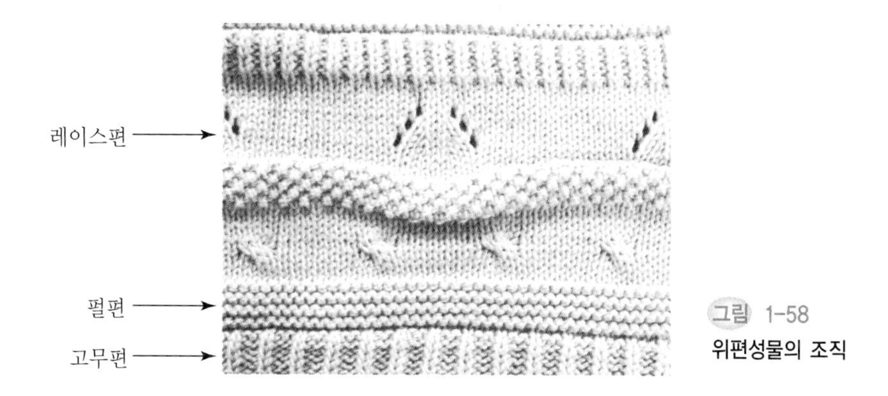

그림 1-58
위편성물의 조직

양말 등에 가장 널리 사용된다.

② 고무편

고무편은 코의 웨일이 겉과 안에 교대로 나타나는 조직이다. 이와 같이 웨일이 겉과 안에 교대로 나타나므로 이 편성물은 양면이 같은 외관을 나타낸다. 고무편은 웨일의 교대를 하나뿐 아니라 매 2웨일 또는 매 3웨일마다 교대로 배열할 수 있다. 웨일이 하나씩 교대로 겉과 안에 나타나는 것을 1×1 고무편, 2웨일이 교대로 나타나는 것을 2×2 고무편이라고 표시한다.

고무편은 코스(좌우) 방향의 신축성이 대단히 크고, 두터운 편성물이 얻어지므로 셔츠의 소매 끝이나 스웨터의 밑단, 장갑의 손목 등에 이용된다.

③ 펄 편

평편 안쪽면의 코스가 한 단씩 교대로 나타나게 한 조직을 펄편이라고 한다. 따라서 펄편성물은 겉과 안이 같으며, 겉과 안이 모두 평편의 안쪽과 비슷하다. 웨일(상하) 방향의 신축성이 대단히 좋아서 아기 옷에 적절한 조직이다. 신축회복성은 웨일 방향은 좋으나 코스 방향은 좀 떨어지므로 형체 안정성은 그렇게 좋지 않다.

④ 턱 편

턱편은 한 코스의 코를 다음 코스의 코와 합쳐서 그 다음 코에 거는 조직으로 이러한 편성을 한 코 건너 또는 일정한 코의 간격을 두고 반복하면 표

그림 1-59 턱편

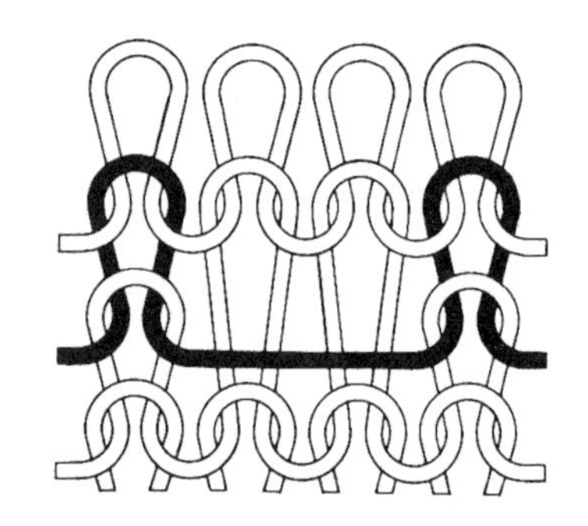

그림 1-60 부편

면에 변화가 생기고, 다공성이며 두껍고 내구성이 큰 편성물을 얻을 수 있다.

⑤ 부 편

부편은 코스 도중에 코를 만들지 않고 띄우는 편성조직으로서 표면에 변화가 생기므로 무늬를 표현하는 데 사용된다.

⑥ 레이스편

코를 옆 웨일의 코에 합쳐서 걸어 편성하는 조직을 레이스편이라고 하며, 이러한 방법에 의해 공간이 큰 편성물을 얻을 수 있다.

⑦ 양면편

두 개의 1×1 고무편을 겉과 안에 복합한 것으로, 외관은 겉과 안이 모두 1×1 고무편과 같다. 특성은 끝에서 코가 풀리지 않고, 양면의 장력이 같아 가장자리가 말리지 않으므로 직물과 같이 재단, 봉제가 용이하다. 직물에 비해 구김이 덜 생기고 취급이 간편하여 양복이나 코트감으로 널리 사용되며 그 수요가 늘어나고 있다.

⑧ 자카드편

여러 색깔의 무늬를 표현하기 위해서 자카드 편성기가 사용된다. 자카드 편성기는 자카드 직기에서와 마찬가지로 구멍 뚫린 카드가 각 바늘의 운동을 조절하여 무늬를 만들게 된다.

⑨ 편성파일

편성파일은 위편이중편성법으로 만들며 파일사가 긴 코를 만들면서 편성하여 얻어진 루프를 절단하든가 또는 루프 그대로 사용한다. 최근 상당량의 파일제품이 편성법으로 만들어진다. 이 편성파일은 파일직물과 외관상 거의 같고 제조가 빠르며 파일직물보다 유연하다.

4) 경편성물

직물의 경사처럼 배열된 다수의 경사를 코로 서로 얽어서 편성하는 것으로, 코가 좌우로 비스듬히 지그재그형으로 진행하면서 편성된다. 경편성물은 많은 바늘이 동시에 코를 만들기 때문에 속도가 가장 빠른 옷감 제조방법이다.

경편성물은 편성기의 종류에 따라 트리코(tricot), 라셀(raschel), 밀라니즈(milanese), 심플렉스(simplex) 등으로 분류되는데, 대표적인 것은 트리코와 라셀이다.

(1) 트리코

트리코(tricot)는 프랑스어로 '트리코테(tricoter)', 즉 편성(knitting)이란 뜻을 가지고 있으며, 근래에는 경편성물의 대명사가 되었다.

트리코는 1775년에 영국인 크레인(Crane)이 경편기를 발명한 데서부터 시작되었다. 트리코는 주로 수염바늘에 의해 편성되는데 한 바늘에 속한 가이드 바의 수에 따라 1바 트리코, 2바 트리코, 3바 트리코 등으로 분류되지만, 가장 보편적인 것은 2바 트리코이다. 2바 트리코는 코가 좌우로부터의 두 가닥의 실로 이루어진다.

트리코는 위편성물과 비교하면 외관에서 우선 그 차이를 볼 수 있다(그림 1-61). 경편성물인 트리코는 위편성물에 비하여 밀도가 조밀하나 신축성과 벌키성은 낮다. 실용적인 측면에서 볼 때 형체안정성이 크고 뜯김, 전선현상, 마모성 등이 적어 내구성과 강도가 위편성물에 비해 크며, 촉감이 부드

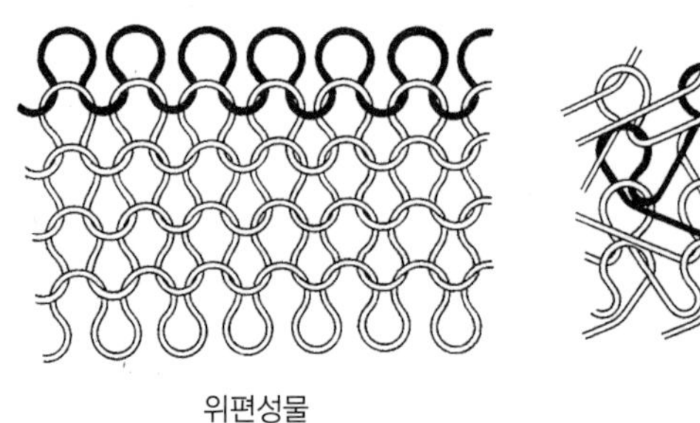

위편성물

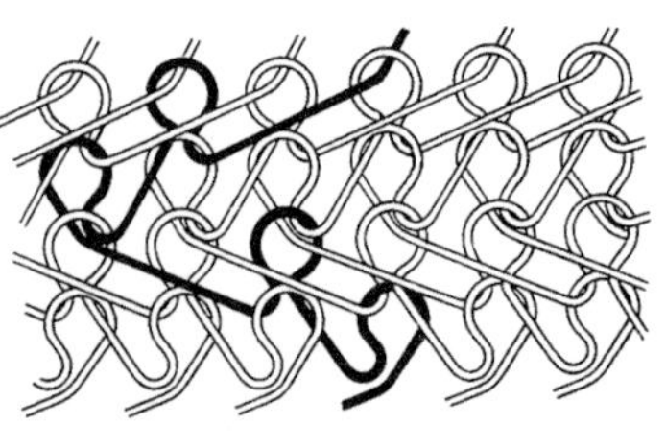

트리코

그림 1-61
위편성물과 트리코의 코 형성방법 비교

럽고 평활하며, 가볍고 드레이프성이 우수하다.

(2) 라 셀

라셀(raschel)은 최근에 발전을 보이고 있는 경편성물인데 래치바늘, 탄성바늘, 복합바늘을 사용하여 베일이나 레이스와 같은 얇은 것부터 파일편까지 다양하게 편성할 수 있다.

트리코가 가늘고 균일한 실을 사용하는 데 반하여, 라셀은 장식사 등 여러 가지 형태의 실을 사용하여 다양한 편성물을 얻을 수 있다.

직물에서와 같이 자카드 장치를 사용하면 더욱 다양한 형태의 무늬를 얻을 수 있다.

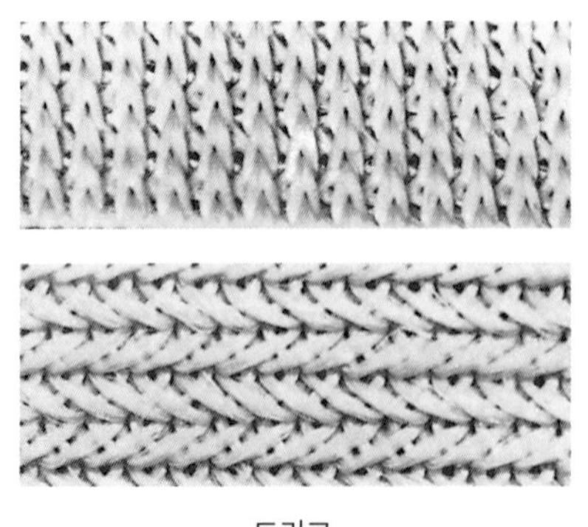

트리코

라셀

그림 1-62
트리코와 라셀

(3) 기타 경편성물

트리코, 라셀 외의 경편성물로 심플렉스(simplex), 밀라니즈(milanese) 등이 있다.

심플렉스는 더블 트리코(double tricot)로 싱글 트리코편을 2겹 겹쳐 제작한 편성물이라고 볼 수 있다. 심플렉스는 벌키성이 크고, 형체안정성과 내전선성이 트리코보다 더 우수하다.

한편 밀라니즈는 외양은 트리코와 비슷하나 제조과정은 전혀 다르다. 밀라니즈 편성물은 트리코보다 조직이 균일하고 신축성이 좋으며, 표면이 매끄러운 장점이 있으나 편성기구가 복잡하고 제편속도가 느려서 별로 발전하지 못하고 있다.

5. 부직포와 펠트

의류소재로 주로 사용되는 옷감은 섬유에서 실을 만들고 이 실을 교차시켜 만든 직물, 실을 고리로 연결하여 만든 편성물이다. 그런데 양모섬유는 스케일이 있어 열과 압력, 수분에 의해 서로 얽히고 결합하기 때문에 섬유에서 바로 옷감을 얻을 수 있다. 이것이 펠트이다. 펠트와 부직포는 둘다 섬유에서 바로 만든 옷감이지만, 펠트는 양모의 축융성을 이용한 것인 데 비해 부직포는 축융성이 없는 섬유를 이용하여 합성수지 접착제로 접착시키거나 열에 의해 녹여 붙여 만든 옷감이다.

1) 부직포

(1) 부직포의 의미

부직포(不織布)는 짜여지지 않은(nonwoven) 옷감이라는 의미이며, 실을 거치지 않고 섬유에서 직접 만든 옷감을 뜻한다. 그래서 펠트(felt)를 부직포에 포함시켜 부직포를 펠트형, 니들 펀치(needle punch)형, 본드(bond)형으로 구분하는 경우도 있다.

그러나 여기에서의 부직포는 방적 · 제직 · 편성을 거치지 않고 화학적 또는 기계적인 처리에 의하여 섬유를 시트(sheet) 모양으로 접착시켜 만든 옷감으로 한정한다.

(2) 부직포의 제조

부직포는 1930년대에 미국에서 면사를 만드는 공정에서 생기는 낙면(落綿)의 처리로부터 시작되었다. 본격적인 생산은 제2차 세계대전부터였으며, 인조섬유의 발달과 합성접착제의 발달로 더욱 발전하였다. 이보다 먼저 독일의 한 펠트 제조업자가 폐모를 접착제로 접착시켜 값싼 대용 펠트를 만든 것도 부직포의 기원이 되었으며, 근래 합성수지 접착제의 발달에 따라 부직포의 종류도 더욱 다양해졌다.

① 웹 형성

부직포를 만드는 첫 단계는 섬유를 얇은 시트 상태인 웹(web)으로 만드는 것이며, 여기에는 대략 두 가지가 있다. 첫 번째는 섬유를 나란히 빗질하는 카드를 사용하여 웹을 만들고 이 웹을 목적에 따라 적당한 두께로 포개는 방법이 그 하나이다. 다른 하나는 면방적에서 개면된 섬유를 바람으로 날려보내 게이지 롤러(gauge roller)의 표면에 흡착시키는 것과 유사하게 부직포 원료섬유를 뿌리듯이 겹쳐 놓아 필요한 두께의 섬유층을 만드는 방법이다. 원료로는 폴리에스터, 나일론, 아크릴 등의 합성섬유가 널리 사용되지만 면, 레이온 등도 사용된다.

한편 종이를 뜨는 것과 같은 방법으로 원료섬유를 물에 분산시킨 후 철망 등으로 떠서 섬유의 얇은 시트를 만드는 방법도 있는데 이렇게 얻어진 것을 습식 부직포라고 한다. 이러한 방법들은 모두 스테이플 섬유를 사용하는 데 비해, 근래에는 인조섬유를 방사할 때 얻은 필라멘트 섬유를 그대로 흩어놓아 웹을 만들고 이 웹을 고온의 열로 성형시켜 부직포를 만들기도 한다. 이 방법을 스펀 본드(spun bond) 법이라고 한다.

② 접 착

원료섬유, 용도 등에 따라 접착방법은 달라질 수 있으며, 수지접착제나 호료에 의한 접착, 열융착, 스펀 본딩, 복합접착, 바늘에 의한 접착방법 등이 사용된다.

■ 접착제 접착

접착제로서는 천연고무 라텍스, 합성고무 라텍스, 요소나 멜라민수지, 아크릴수지 등 여러 가지가 사용된다. 각기 장 · 단점을 가지고 있어 원료섬유의 종류, 부직포의 용도 등을 고려하여 생산업자가 필요에 따라 선택하게 된다.

접착제를 처리하는 방법에는 접착제를 분무하는 방법과 웹을 접착제용액에 침지하는 방법이 있다. 접착이 끝난 웹은 건조 및 열처리 과정을 거쳐 부직포로 완성된다.

■ 열융착

열융착에 의하여 부직포를 만들 때에는 고열에서 쉽게 융해되는 열융착용 섬유를 원료섬유에 혼합하여 웹을 만든 후 열처리를 하게 된다. 열융착용 섬유로서는 폴리염화비닐, 미연신 폴리에스터, 폴리에틸렌 등이 사용된다. 가열 · 압축하여 용융접착을 하는 방법에는 캘린더 롤러로 웹의 전체면을 접착하는 캘린더 본딩과 엠보스 캘린더를 사용하여 점으로 접착하는 포인트 본딩이 있다.

■ 니들 펀치와 수류제트법

바늘에 의한 접착방법은 다른 방법처럼 습기 · 압력을 가할 필요가 없으며, 얇은 섬유피막을 바늘 끝의 열을 이용하여 기계적으로 여러 방향으로 찔러 엉키게 하는 방법이다.

실제로는 가시가 달린 바늘로 웹을 무수히 찔러 섬유를 얽어서 웹을 고정하는 방법이 사용된다. 이 방법을 니들 펀칭(needle punching) 또는 니들 펠트(needle felt)라고 한다.

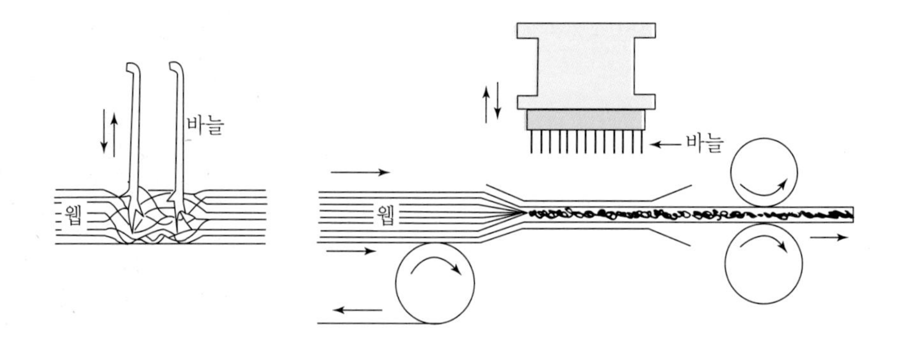

그림 1-63
니들 펀치의 원리

이 부직포는 다른 부직포나 펠트에 비해 유연하고 함기량도 많아서 보온재, 방음재, 모포, 카펫 등에 사용된다.

바늘 대신에 고압의 물을 분사하여 섬유를 얽히게 하여 부직포를 만들기도 하는데 이 방법이 수류(水流)제트법이다. 이렇게 만든 부직포를 스펀레이스 부직포(spunlaced fabric)이라고 한다.

(3) 부직포의 성질

부직포의 특성은 원료섬유의 종류, 접착재료와 접착방법 등에 의해 결정되므로 사용목적에 따라 적합한 원료섬유와 접착방법을 선택해야 한다.

부직포의 장점은 다음과 같다.

- 최근 의복의 경량화 경향에서 볼 때 부직포는 큰 장점을 가진 의류소재의 하나로, 부직포의 겉보기 비중은 직물의 약 1/3 내외로 가볍다.
- 직물에 비해 통기성 · 투습성이 좋다.
- 부직포는 함기율이 커서 보온성도 다른 직물에 비하여 우수하다.
- 절단된 부분에서 올이 풀리지 않아 솔기처리를 하지 않아도 된다.
- 보통 재봉침에 의한 봉제가 가능하며 접착제, 또는 열융착에 의한 봉제를 할 수 있다.
- 탄성 및 레질리언스가 좋아서 형태안정성이 우수하다.

부직포의 문제점은 다음과 같다.

- 일반적으로 탄성은 좋지만 유연성이 부족하여 드레이프성이 좋지 못하다. 최근에는 접착제의 발달로 부분적으로 유연성이 큰 부직포의 개발도 이루어지고 있다.
- 강도가 부족하고 마찰에 매우 약하다.
- 접착제의 특성에 따라 그 정도가 다르지만 일반적으로 일광에 의하여 강도가 현저히 감소된다.

위와 같은 여러 가지 부직포의 성질은 직물과 비교할 때 용도에 따라서 그 장점이 인정되고 있어 앞으로 수요가 더욱 증대되고 여러 가지 다양한 제품이 생산될 수 있을 것이다.

(4) 부직포의 용도

부직포의 용도는 다양하나 현재 의류소재로서는 주로 심감으로 사용되어 전 부직포 소비량의 절반 이상이 의복의 심감으로 사용되고 있다. 이 밖에 접합포 등 의복의 부품과 실험복, 수술복, 비옷 등 1회용 의복에 사용되고 있으며, 촉감, 드레이프성 등이 직물이나 편성물보다 좋지 않아서 아직은 일반 의복용 옷감으로는 거의 사용되지 않는다.

공업용으로서는 래미네이트(laminate), 연마포, 여과포, 실내장식 등에 사

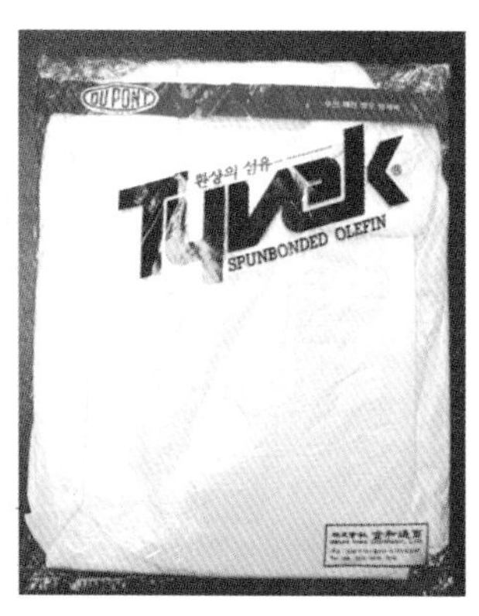

그림 1-64
여러 가지 부직포 제품

용되며, 앞으로 그 이용범위는 더욱 넓어질 것이다. 근래에는 방한용 충전재로 사용되거나 인조피혁의 형태로 된 제품도 생산되고 있다.

2) 펠 트

우리가 흔히 펠트(felt)라고 부르는 것에는 넓은 뜻에서 두 가지 종류가 있다. 이 중에서 방모사로 제직한 후에 실과 짜임새가 보이지 않을 때까지 강하게 축융하여 공업용으로 널리 사용하는 것이 있는데 이것은 엄격히 말해서 펠트가 아니고 방모직물에 축융가공을 한 것이다. 진짜 펠트는 섬유에서 실을 거치지 않고 만든 것으로 양모섬유층을 축융하면 스케일 때문에 섬유가 얽혀져 옷감의 형태로 된다.

펠트의 제조는 모섬유의 축융성을 이용하므로 스케일이 잘 발달된 양모가 가장 좋은 원료가 된다. 고급품은 양모를 주원료로 하고 여기에 약간의 노일(noil)을 혼합하여 만든다. 하급품은 노일의 함량이 많을 뿐만 아니라 재생모, 기타 헤어섬유를 혼합하는데 최근에는 값싼 레이온이나 기타 인조섬유가 다량 혼용되기도 한다.

펠트를 만드는 방법은 양모 및 다른 재료섬유를 혼합하여 카드에서 랩을 만들고, 이 랩을 필요로 하는 두께에 따라 여러 겹으로 겹쳐 놓는데 랩을 겹칠 때에는 펠트의 방향성을 없애기 위해서 처음 랩과 다음 랩의 섬유의 방향이 직각이 되도록 한다. 이 겹쳐진 랩을 기계 위에 놓고 그 위에 압축용 철판을 놓은 후 온탕, 비누용액 또는 묽은 알칼리 용액을 첨가하면서

그림 1-65
펠트 제품

상하의 철판을 진동시켜서 철판 사이에 있는 랩을 비벼 준다.

이 펠트기에는 가온장치가 붙어 있어 가열상태에서는 압력과 마찰에 의하여 섬유가 얽혀서 축융하게 된다. 축융이 끝나면 표면에 일어선 털을 깎아 정리한다.

펠트는 탄력성은 있으나 두껍고 강경하며 직물에 비하여 인장과 마모에 잘 견디지 못하므로 약하다. 그래서 일반 옷감으로는 사용되지 못하고 모자, 러그 등에 사용되며 보온재, 여과포, 연마포 등의 공업용으로 사용된다.

6. 기타 옷감 및 신소재

1) 접합포

접합포(combined fabric)는 두 개의 옷감을 붙여 만든 것이다. 안쪽에는 주로 아세테이트나 나일론의 트리코, 부직포 등이 많이 사용되며, 겉쪽은 모든 섬유가 사용 가능하다. 접합에는 얇은 막이나 필름상으로 된 수지를 이용하므로 접합포를 래미네이트 직물(laminate fabric)이라고도 한다. 직물의 한면에 막이나 수지를 직접 입혀 투습방수포로 이용하거나 두 개의 직물 사이에 수지막을 끼워 양복의 앞단부분 등에 형태안정성을 부여해 주는 용도로 사용하기도 한다. 접합포에는 습식접착법에 의한 일반 접합포와 폼 접

그림 1-66 접합포

착법에 의한 폼래미네이트 접합포가 있다.

(1) 습식접합 접합포

습식접합법은 뜨거운 롤러를 이용하여 겉포와 안쪽포를 접합시키는 방법이다.

대부분의 접합포는 구조상 표면이 불안정한 외관을 가지게 되지만 안쪽면에 편성물을 접합하면 무게가 있고 안정한 상태를 유지할 수 있으므로 안쪽에는 편성물을 이용한다. 접합포는 의류용을 비롯하여 구두, 가방, 실내 장식품의 재료로 사용된다.

(2) 폼래미네이트

폴리우레탄수지, 고무, 폴리염화비닐에 기포를 넣어서 가열시키면 스펀지상의 막이 생기게 되며 이를 폼래미네이트(foam-backed fabric)라고 한다. 앞에서 설명한 래미네이트 접합포와 유사하나 래미네이트 막의 층이 약간 더 두껍다. 폼은 정지된 공기를 포함하고 있어 두께에 비해 비교적 가볍다. 이 폼을 직물 위에 직접 도포하기도 하고 또는 두 개의 직물 사이에 중간층으로 넣어 의류용 심지로 이용하기도 한다. 직물 위에 직접 래미네이트한 것은 드레이프성이 부족하여 다소 뻣뻣하지만 새로운 의류소재로서 점

표 1-4 래미네이팅 옷감의 장 · 단점

장 점	단 점
• 값싼 옷감이라도 업그레이드가 된다. • 안감이 부착되어 있어 쾌적하다. • 품질이 좋은 것은 래미네이팅 내구성이 양호하다. • 봉제시간을 줄일 수 있다. • 봉제 시 심지가 필요하지 않다. • 솔기처리가 필요하지 않다.	• 최고급 옷감은 래미네이팅하지 않는다. • 내구성이 부족할 경우 다른 안감이 필요하다. • 불규칙한 수축이 일어날 수 있다. • 접착된 부분이 어긋날 수 있다. • 래미네이팅이 분리될 수 있다. • 단이나 솔기 등이 뻣뻣해질 수 있다. • 정교한 주름을 잡을 수 없다.

차 그 용도를 넓혀가고 있다. 폼래미네이트를 의류용 심지로 사용한 경우 드레이프성이 그대로 남아 최종 의류제품의 외관에 영향을 주게 된다. 최근 보온이나 방수효과 또는 특수한 표면효과를 얻기 위해 다양한 래미네이트 제품이 생산되고 있다.

2) 레이스

레이스란 구멍이 많이 뚫려 있고, 섬세하며 자수를 놓은 듯한 옷감을 총칭한다. 일반적으로 수공 레이스와 기계 레이스로 구분하기도 하고, 매듭 레이스, 케미컬 레이스, 편성물 레이스, 아일릿 레이스로 구분하기도 한다. 네트 직물, 즉 일반적으로 망사라고 부르는 것도 레이스에 포함시킨다.

수공 레이스는 보빈 레이스, 크로셰 레이스, 아플리케, 혼합 레이스법 등을 활용하는 것이다.

보빈 레이스(필로 레이스)는 베개 같은 불룩한 물체 위에 레이스 무늬의 본을 놓고 실들을 서로 꼬아 엮거나 매듭으로 레이스를 만들어가는 것으로, 실을 보빈에 감아서 이동시키며, 실의 교차가 아주 복잡할 경우는 거의 직물과 같이 보일 수도 있다.

케미컬 레이스는 직물의 바탕천에 구멍을 뚫고, 그 둘레를 자수로 장식한 것이다. 원래는 견을 바탕천으로 하여 그 위에 면사로 패턴을 만들어준 후 수산화나트륨 용액을 사용하여 견을 녹여내어 면 자수실만 남겨 레이스를 얻는 것이다. 근래에는 견 대신 수용성 비닐을, 면사 대신 폴리에스터 실을 쓰기도 한다.

편성물 레이스(knit lace)란 오늘날 가장 널리 사용되는 저렴한 가격의 레이스로, 경편성기인 라셀기에 의해 제작되어 라셀 레이스라고 한다. 다양하고 복잡한 디자인의 레이스를 만들 수 있지만, 실은 한 방향으로만 고리를 만들어가기 때문에 독특한 텍스처나 형태를 나타내기 어렵다. 즉, 편성물 레이스 또는 니트 레이스는 코바늘로 뜬 것과 같은 체인이나 수직의 선을 보이고, 무늬를 만드는 실은 그 사이를 엮는다. 근래에는 라셀의 형태도 매우 다양하여 얇은 레이스로부터 상당한 두께를 가진 보통 위편성물의 느낌을 주는 옷감까지도 생산되고 있어 패션 소재로의 용도가 더욱 확장되고 있다.

레이스는 의복의 가장자리 장식, 또는 비치는 특수한 의류에 사용되며, 여성용 내의(란제리)의 경우 거의 모든 제품에 사용된다. 특히 론이나 오건디와 같은 비치는 옷감에서는 자수를 놓는다든지 아플리케를 장식하여 레이스의 효과를 얻기도 한다. 레이스의 폭은 장식용의 좁은 리본 정도에서부터 15야드 정도의 넓이까지 다양하게 생산된다.

그림 1-67 보빈 레이스의 제조

(1) 수공 레이스

■ **보빈(필로) 레이스**(bobbin or pillow lace)

교차 또는 꼬임을 주는 방법을 응용한 것으로, 보빈 주변을 실로 감거나 연결하여 레이스를 만드는 방법이다.

■ **크로셰 레이스**(crochet lace)

코바늘을 이용하여, 한 가닥의 실을 고리로 연결하여 다양한 무늬를 나타내는 방법이다.

■ **노트 레이스**(knotted lace)

손가락이나 기구, 또는 거친 실을 이용하여 매듭을 만들어내는 레이스로 태팅과 마크라메가 여기에 속한다.

■ **니들포인트 레이스**(needlepoint lace)

바늘을 이용하여 버튼홀 스티치나 블랭킷 스티치로 무늬를 만들고 가장자리를 처리한 후 스티치 바깥 부분을 잘라내는 컷워크 레이스, 직물의 한 부분을 실로 메꾸어 주는 드론 워크 레이스가 있다.

■ **아플리케 자수 레이스**(appliqué embroidered lace)

비치는 얇은 옷감이나 망으로 된 바탕에 모티브나 디자인을 나타내는 것으로 바탕 부분을 남겨 두거나 잘라낸다.

■ 혼합 레이스

새로운 타입의 레이스로 여러 가지의 수공 제작방법을 개별 디자인으로 연결하거나 아플리케 레이스와 자수 레이스를 혼합하는 것 등이 있다.

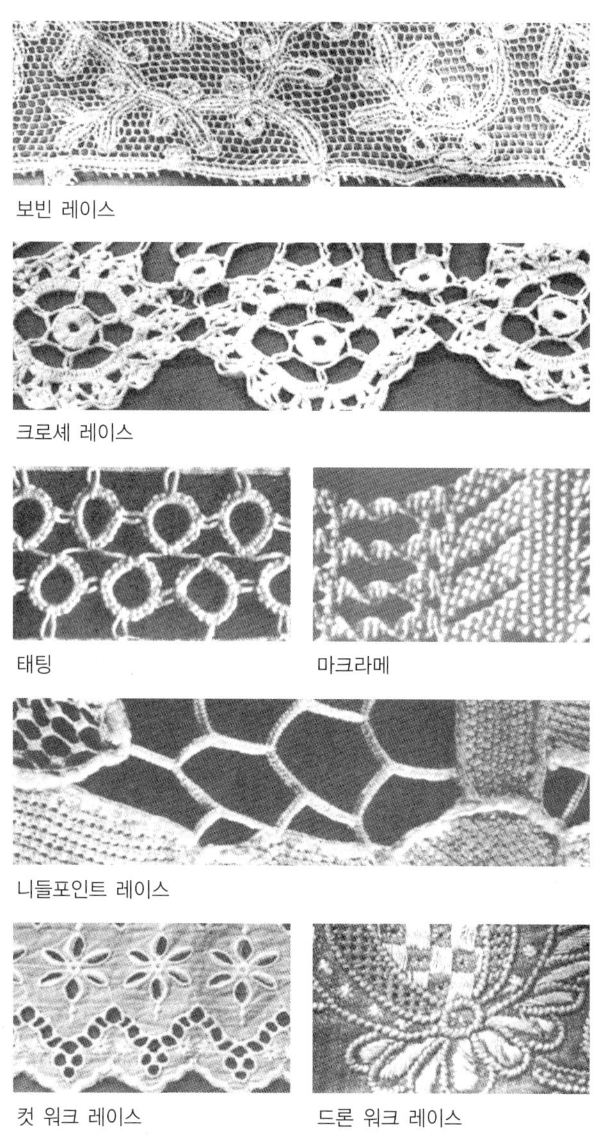

그림 1-68 수공 레이스의 종류

(2) 기계 레이스

■ **리버 기계 레이스**(leaver machine method)

자카드 장치를 붙여 직물을 짜는 원리를 이용한 것으로, 계획된 디자인에 따라 경사를 꼬거나 각 방향으로 보빈을 움직여 제작하므로 섬세한 촉감을 가진 얇은 옷감을 만들 수 있다.

■ **라셀 기계 레이스**(raschel machine method)

라셀 경편기를 이용하는 것으로 일반 편성물에서와 같이 루프를 만들어 주는 것이다. 제작속도가 빠르며 값싼 레이스를 얻을 수 있다. 평면 디자인 외에 다양한 구조의 레이스를 얻을 수 있다.

■ **노팅엄(보빈네트) 기계 레이스**(Nottingham/bobbin-net machine method)

다양한 길이와 넓이를 가진 레이스를 얻을 수 있으며, 보빈네트 레이스(bobbin-net lace)기를 자카드 장치로 설치하여 제작하는 것으로 표면에 실이 떠 있는 경우가 있다. 위사 방향으로 건너 뛰는 디자인 등이 가능하며 내

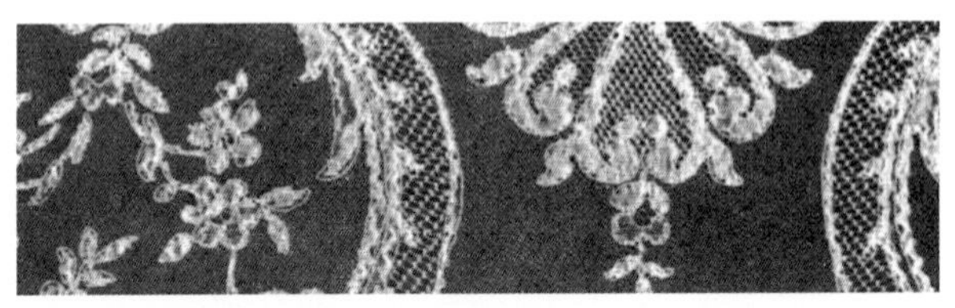
리버 기계 레이스

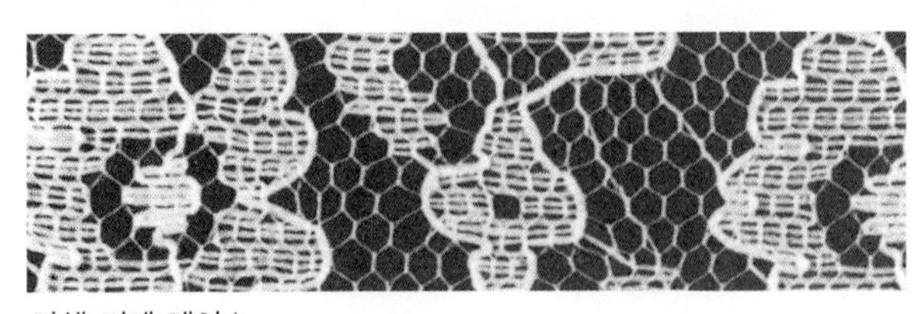
라셀 기계 레이스

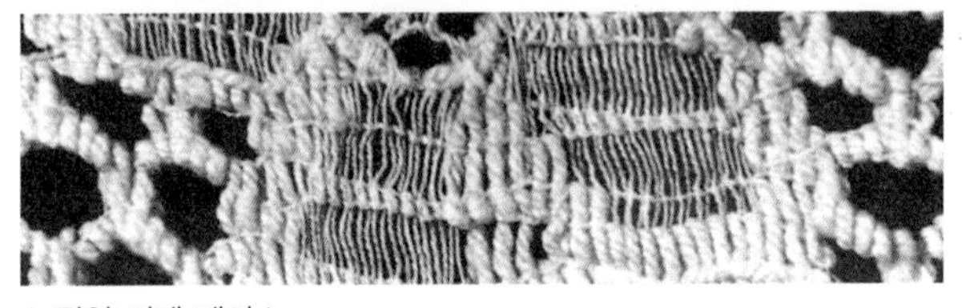
노팅엄 기계 레이스

그림 1-69
기계 레이스의 종류

구성이 크고 다양한 형태의 규모가 큰 패턴을 활용할 수 있다.

■ **자카드 라셀 기계 레이스**(Jacquard raschel machine method)

라셀 레이스기에 자카드 장치를 부착한 것으로 복잡하고 섬세한 디자인을 얻을 수 있다. 실의 굵기도 자유롭게 선택할 수 있으며, 수공 레이스의 느낌을 가지게 할 수도 있다.

■ **번아웃(시뮬레이트) 레이스**(burn-out/simulated lace method)

바탕 직물을 강한 알칼리나 열을 이용하여 부분적으로 녹여 없앰으로써 디자인이 나타나게 하는 것이다. 이 방법을 컷워크 디자인에 활용할 수도 있다.

3) 가죽과 모피

가죽(leather)을 의류소재로 이용한 것은 매우 오래 전부터였는데 생피를 그대로 사용하면 물을 흡수하여 무겁고 부패하기 쉽다. 반면에 건조시켜 사용하면 가볍고 부패하지는 않으나 딱딱해지기 쉬우므로 무두질 공정이 필요하다. 모피(fur)는 가죽에 털이 붙은 채로 가공된 것을 말하며, 주로 보온과 장식의 목적으로 사용되므로 털이 아름답고 부드러우며 치밀한 것이 의복용으로 사용된다.

(1) 가죽의 종류와 구조

가죽에는 여러 가지 동물로부터 원피를 얻는 천연가죽과 천연가죽의 구조를 모델로 하여 합성한 인조가죽이 있다.

① 천연가죽

천연가죽은 소, 말, 양 등 가축으로 사육하는 포유류나 뱀, 악어와 같은 파충류 그리고 물고기, 새 등과 같은 여러 가지 동물로부터 원피를 얻게 된다. 원피를 제공하는 동물의 종류, 품종, 연령, 사육조건 등에 따라 가죽의 두께와 유연성, 크기 등이 달라진다. 원피는 동물의 크기에 따라 하이드

(hide)와 스킨(skin)으로 나뉘는데, 하이드는 소, 말, 낙타와 같이 큰 동물의 가죽을 말하며, 스킨은 양, 파충류, 새, 송아지, 망아지와 같이 작고 어린 동물의 가죽을 말한다. 동물의 진피는 무수히 많은 단백질 섬유(콜라겐 섬유)가 입체적으로 교차된 구조를 갖고 있다.

이러한 천연가죽을 사용하기 위해서는 무두질이 필요하다. 가죽의 제조에 필요한 무두질은 진피의 성분 중 불필요한 성분을 제거함과 동시에 조직을 느슨하게 하고 방충성, 방부성, 유연성, 내구성 등을 높이고 외관을 아름답게 하기 위한 가공이다. 현재 일반적으로 사용하고 있는 방법에는 타닌산을 이용하는 타닌 무두질과 크롬명반을 이용하는 크롬 무두질이 있다. 타닌 무두질은 가장 많이 사용하는 것으로 보다 튼튼한 가죽을 만드는 데 적합하나 시간이 오래 걸리고 내열성이 다소 약한 단점이 있다. 크롬 무두질은 얇은 가죽을 만드는 데 이용하는 방법으로 단시간에 가공이 가능하고 내열성이 좋으나 습기에 의해 성질이 변화하기 쉽다. 모피의 제조에는 크롬 무두질이 주로 이용된다. 무두질이 끝난 원피는 두께를 일정하게 하는 분할과정

그림 1-70
다양한 색상과 형태의 가죽의류

과 중화, 유지처리를 거쳐 가죽으로 완성되며 용도에 따라 염색과 표면가공으로 마무리한다.

가죽의 염색에는 직접염료, 산성염료, 염기성염료가 주로 사용된다. 두꺼운 가죽은 소, 말로부터 얻고 주로 구두에 이용되며 얇고 유연한 가죽은 양, 염소, 사슴으로부터 얻고 의류소재나 부드러운 감촉의 구두에 이용된다. 가죽은 가볍고 튼튼하면서도 아름다운 외관을 가지며 보온성이 좋아서 장식성을 겸한 방한복에 이용되고 있다. 뿐만 아니라 흡습성, 투습성이 있어 매우 위생적인 의류소재이다. 그러나 높은 습도에서는 팽윤되어 조직이 손상되거나 좀, 곰팡이가 생기기 쉬우며 고온에 의해 경화되기 쉬우므로 보관이나 관리 시 주의를 기울여야 한다. 가죽을 손질하는 방법으로 중요한 것은 왁스나 바셀린 등을 가죽에 충분히 발라 내부조직까지 침투하도록 하는 것이다.

스웨이드는 일반 가죽의 제조방법과는 달리 원피의 내측면을 샌드페이퍼로 문질러 콜라겐 섬유층을 기모한 것으로 보온성이 좋고 부드러워 고급 의류소재나 구두, 가방 등에 이용된다. 그러나 얼룩이 생기기 쉽고 쉽게 오염되므로 손질에 주의를 기울여야 한다. 스웨이드라는 명칭은 스웨덴의 장갑이라는 프랑스어에서 온 것으로 소, 돼지, 양, 염소가죽이 주로 사용된다. 그러나 가죽을 생산하는 과정에서 많은 양의 물과 약품이 사용되므로 철저한 폐수처리시설과 관리가 필요하다.

② 인조가죽

인조가죽은 천연가죽이 가격이 비싸고 관리하기가 까다로운 점을 보완하고 이의 대용품으로 사용하고자 개발되었다. 천연가죽의 조직구조를 모델로 하여 외관이나 성질이 천연가죽과 유사하도록 만들어진 것이다. 제조방법, 형태, 용도에 따라 비닐 레더와 합성피혁, 인공피혁으로 나누어진다.

■ **비닐 레더**(imitation leather)

인조가죽 중 최초로 제조된 것으로 직물이나 편성물의 바탕천에 염화비닐수지를 필름상으로 코팅하여 만든다. 염화비닐을 발포하여 스펀지상으로

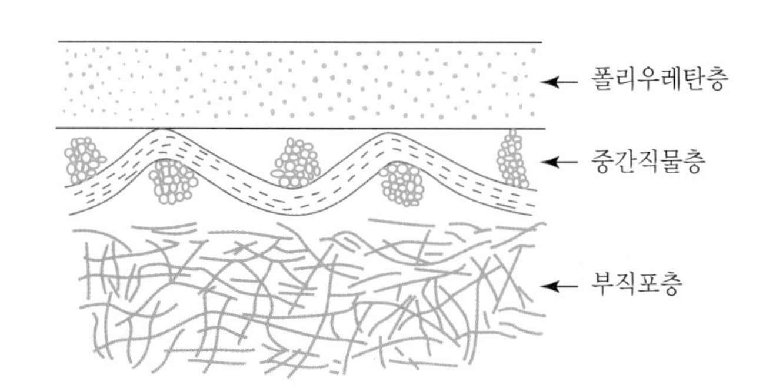

그림 1-71
인공피혁의 구조

만들어 탄력성을 부여한 것으로 표면을 가열 · 가압하여 매끄럽게 만든다. 통기성, 투습성이 적고 내열성이 적어 다림질을 해서는 안 된다.

■ **합성피혁**

비닐 레더보다 천연가죽에 가깝다. 부직포나 기모한 직물에 염화비닐수지 이외의 합성수지, 즉 폴리우레탄수지를 이용하여 스펀지상의 다공질로 만들어 탄력성을 부여한다. 표면은 가열 · 가압하거나 접착제나 에나멜 가공처리를 해준다. 합성피혁은 통기성과 투습성이 천연가죽에 가깝고 천연가죽보다 물에 강한 성질을 갖고 있어 구두, 가방, 벨트를 비롯한 재료로 이용된다.

■ **인공피혁**

인조스웨이드라고도 불린다. 보통 섬유의 1/10~1/100에 해당하는 0.1데니어 이하의 극세섬유 집합체를 니들펀치하여 제조한 부직포의 한 면에 소량의 폴리우레탄수지 발포제를 넣어 만든다. 표면은 표면처리제로 처리하여 가열 · 가압하거나 극세섬유를 기모하여 천연 스웨이드와 같은 촉감을 얻는다. 통기성과 투습성이 좋고 나일론이나 폴리에스터 섬유로 만들어지므로 취급이 간단하다. 고급 의류를 비롯하여 구두, 가방, 코트 등에도 널리 이용된다.

(2) 모 피

모피에는 동물의 털을 사용한 천연모피와 외관이나 촉감을 천연모피와 유사하게 만든 인조모피가 있다.

① 천연모피

모피에 사용되는 동물은 그 종류가 100여 종에 이르나 고급 모피를 생산하는 동물은 여우, 밍크, 담비 등 대부분 육식류이며 친칠라, 명주취 등 설치류와 바다표범, 물개, 비버 등 물속에서 사는 동물로부터도 좋은 모피를 얻을 수 있다.

한 마리의 모피에도 털의 길이와 굵기에 따라서 굵고 길며 광택이 있는 거친 털과 짧고 가늘고 부드러운 섬세한 털이 있는데, 겨울에 난 털일수록 섬세하다. 따라서 좋은 모피를 얻기 위해서는 추운 겨울이 지난 후에 채취하는 것이 좋다. 모피의 품질은 동물의 영양상태와 계절에 따라서 다르다. 동물의 영양상태가 좋을수록 그리고 추운지방의 동물일수록 보온을 위해 털이 조밀하게 나므로 보온성이 우수한 털을 얻을 수 있다. 주요 모피 생산 국가는 소련, 스칸디나비아의 여러 나라와 캐나다, 미국 등이다.

천연모피의 관리는 가죽과 유사하나 털이 상하지 않도록 주의해야 한다. 드라이클리닝에 있어서도 털에 붙어 있는 지방과 먼지를 제거하기 위해 톱밥처리를 해준 후 털을 빗질하여 정리해 주어야 한다. 모피의 품질은 털의 색과 광택 및 밀도에 의해 좌우되므로 사용 중에 털이 빠지거나 오염으로 인해 광택이 손상되지 않도록 잘 손질해야 한다. 가격이 비싸서 고급 숙녀 코트나 숄, 목도리 등에 이용된다.

그림 1-72
천연모피에 사용되는 동물(왼쪽 위부터 여우, 밍크, 족제비, 토끼, 오소리)

② 인조모피

천연모피는 방한용 고급 의류소재로서 원료공급에 한계가 있고 가공공정이 복잡하여 가격이 매우 높고 관리에도 특별한 주의를 기울여야 한다. 이러한 문제점은 인조모피를 사용함으로써 해결할 수 있다. 인조모피는 직물 또는 편성물을 바탕포로 하고 여기에 모피의 털과 유사한 합성섬유를 심어서 만든다. 털을 이루는 섬유의 종류와 모양 그리고 털을 심는 방법에 따라 다양한 인조모피가 생산되고 있다.

천연모피는 길고 뻣뻣한 겉털과 부드럽고 가는 솜털로 이루어져 있다. 인조모피를 만들 때에도 이와 같은 구조로 털을 바탕포에 심는다. 아크릴섬유와 모드아크릴섬유는 외관과 촉감이 동물의 털과 가장 흡사하며 취급하기 쉽고 모피로 가공하기 쉬운 특성을 가지고 있어서 인조모피를 만드는 데에 주로 사용된다. 아크릴섬유는 가열상태에서 연신하면 냉각 후에 연신된 길이를 유지하나, 여기에 다시 열을 가하면 수축하는 성질을 가지고 있다. 이 성질을 이용하여 연신한 섬유와 미연신섬유를 섞어서 슬라이버를 만들고 이 슬라이버를 바탕포에 심어 파일직물을 만든 후 열처리한다. 이때 미연신 섬유는 길이를 그대로 유지하여 겉털이 되고 연신섬유는 수축하여 솜털과

|무스탕과 토스카나|

무스탕(mustang)과 토스카나(toscana)는 모두 모피(fur)로서 털을 보유하고 있는 상태의 가죽이다. 양의 껍질을 털이 나있는 상태로 벗겨 기름을 제거하고 염색한 후 털이 있는 면은 의복의 안쪽으로, 껍질은 옷의 바깥쪽으로 향하게 만든다. 이런 양면성 때문에 'Double face'란 전문용어를 사용한다. 무스탕이나 토스카나를 굳이 구분하자면 무스탕이 거친 어른 양의 가죽이라면 토스카나는 어린 양의 가죽이라고 판단하면 된다.

따라서 무스탕의 경우는 다소 거친 편이면서 털이 억세고 길이도 보기보다 길다는 느낌이 나며, 토스카나의 경우는 아주 부드러우면서 촉촉하다는 느낌이 든다. 토스카나는 이탈리아의 중부지방의 지역명이기도 하다.

그림 1-73
인조모피를 활용한 제품

같이 되어 천연모피의 털구조와 유사한 형태를 갖게 된다. 또한 바탕포를 열연신한 섬유로 짜고 열처리하면 바탕포가 수축되어 털이 조밀한 인조모피를 얻을 수 있다.

최근의 인조모피는 천연모피와 구분이 되지 않을 정도로 외관이 아름다우면서도 천연모피에 비해 가볍고 값이 매우 저렴하다. 뿐만 아니라 물세탁을 할 수 있으며 취급이나 보관에 특별한 주의를 기울이지 않아도 품질의 손상이 없어 편리하게 사용할 수 있다. 천연 모피의 대용품뿐만 아니라 코트의 보온용 안감으로도 많이 사용되며 담요, 동물 인형, 의자 커버 등에도 널리 이용되고 있다(그림 1-73).

4) 신소재

종전의 천연 또는 인조섬유의 장점을 능가하는 고감성, 고기능성을 갖는 섬유 또는 직물이 개발되어 있다.

(1) 신합섬

신합섬(新合纖)의 뜻은 명확히 정의되어 있지는 않지만, 일본을 중심으로 1980년대 중반 이후 널리 쓰이고 있는 신소재섬유들을 이르는 것으로 폴리에스터 제품들이 주종을 이룬다.

신합섬은 천연섬유가 갖는 성질과 외관을 기본으로 고분자, 방사, 제직, 염색 가공 등 합성섬유의 모든 기술들을 복합하여 촉감, 광택, 피복성 등 여러 기능에 기존의 섬유들을 훨씬 뛰어넘는 성능을 부여함으로써 합성섬유의 응용 범위를 크게 확장하였다.

신합섬 기술 중 가장 활발하게 진행되는 것 중에 극세사 기술이 있다. 극세사를 만드는 방법으로는 고분자를 직접 방사하는 방법(세섬사), 서로 상용성이 없는 두 가지 이상의 섬유를 섞어 방사한 후 가공단계에서 분할하여 매우 가는 섬유를 얻는 방법(분할형 초극세사), 하나의 필라멘트 속에 여러 가닥의 필라멘트가 포함되어 있는 해도(海島)형 초극세사 기술, 필라멘트의 겉을 용해시켜서 가늘게 만드는 방법 등이 있다.

(2) 고감성 소재

인간이 오감을 통하여 느끼는 감성과 관련된 기능을 향상시키는 데 초점을 두어 개발된 소재이다.

단면

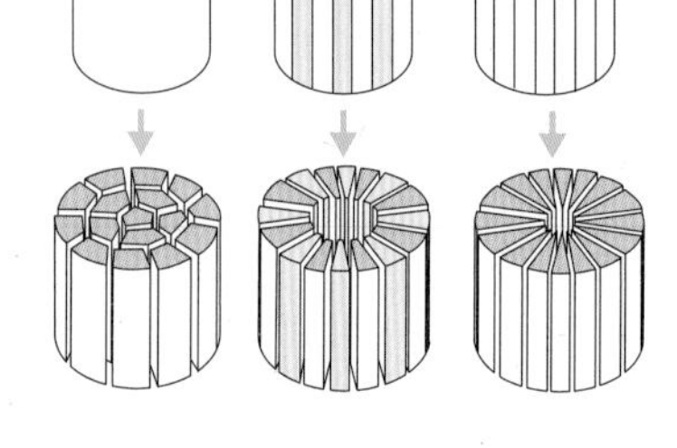

분할 전후의 모형

그림 1-74
분할형 초극세사

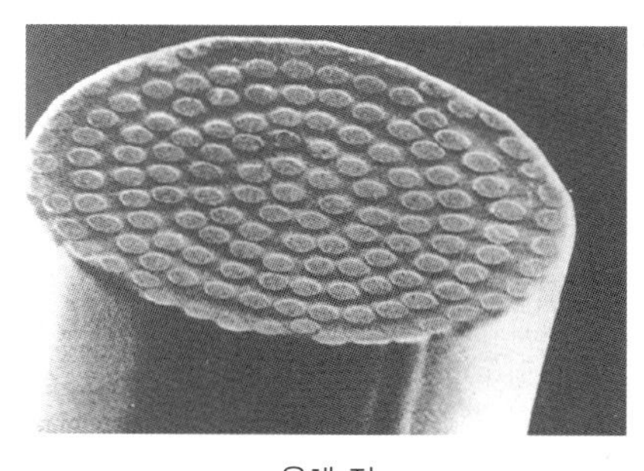

용해 전

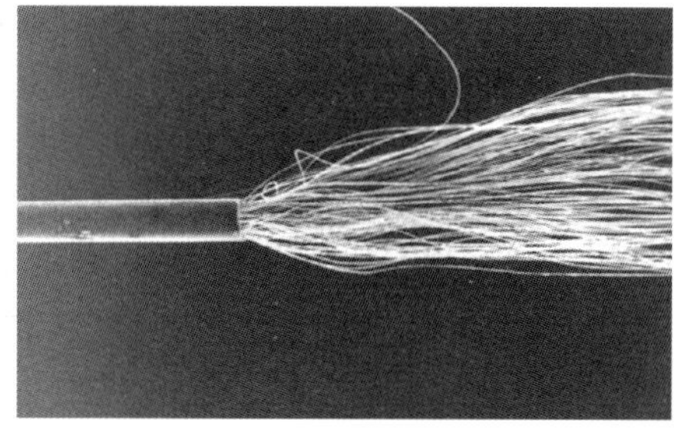

용해 후

그림 1-75
매트릭스 피브릴법(해도형)에 의한 극세사

① 촉감 소재

촉감 소재로는 천연섬유와 같은 감촉을 느끼게 하거나, 기존 섬유에는 없었던 전혀 새로운 촉감을 느끼게 해 주는 섬유들이 있다.

폴리에스터 고유의 강하고 구김이 가지 않으며 세탁성이 우수한 특성을 그대로 가지면서 천연 실크와 같은 촉감, 광택, 풍부한 드레이프, 선명한 색상 등의 우아한 감성을 접목시킨 뉴 실크(new silk) 또는 실크 라이크(silk like) 소재, 천연 레이온의 특성인 우수한 피복성을 폴리에스터에 구현한 레이온 라이크(rayon llike) 소재, 섬유 표면에 규칙적인 요철을 형성하여 자연의 신비한 효과를 재현한 심색사(深色絲), 천연 소모처럼 두껍고 털이 많으며 촉감과 보온성이 우수하면서도 폴리에스터의 장점은 그대로 지닌 울 라이크(wool like) 소재, 복숭아 표면처럼 부드러운 잔털이 있는 피치 스킨(peach skin) 소재 등이 있다.

② 시각 소재

시각 소재로는, 빛에 의해 발색(發色) 또는 소색(消色)하는 화학약품을 함

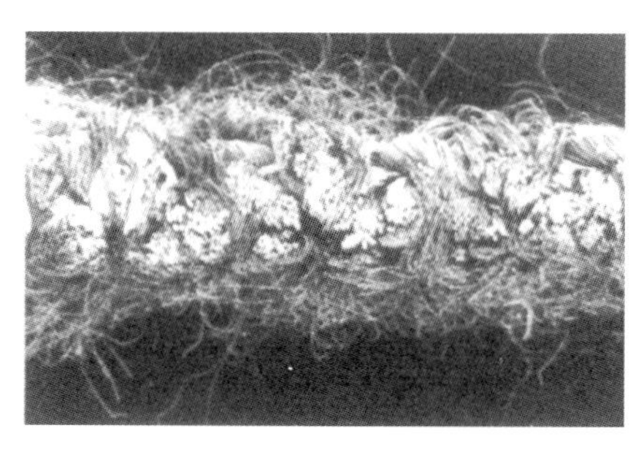

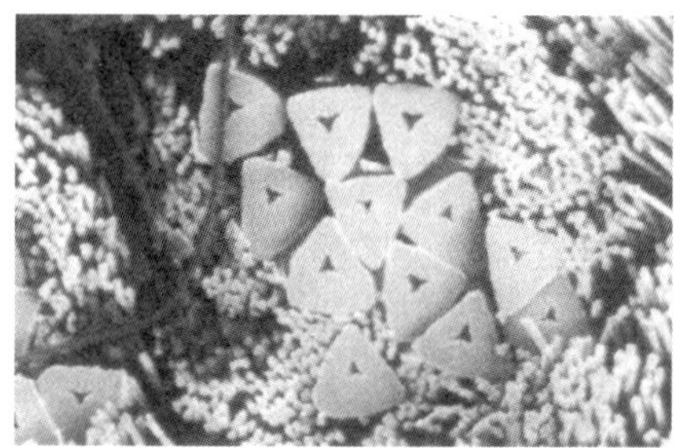

그림 1-76
촉감 소재의 현미경 사진

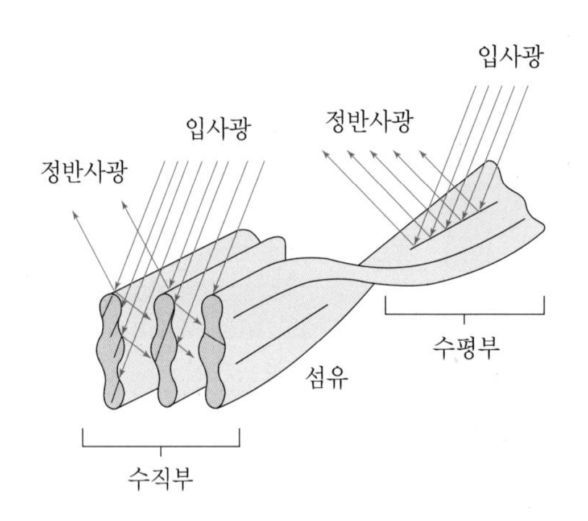

그림 1-77
비틀림 섬유의 단면에 의한 심색 효과의 원리

유하는 포토크로믹(photochromic) 섬유, 온도에 따라 색이 변하는 이른바 감온변색 섬유, 수영복이나 우산에 응용할 수 있는 수분에 의해 변색하는 섬유, 섬유 표면에서 직반사, 즉 정반사광을 줄이고 빛을 난반사, 굴절시켜 독특한 광택을 나타내는 심색(深色) 섬유 등이 있다. 이러한 예로 남미 아마존 하류에 생식하는 몰포나비의 색상이 빛의 간섭현상에 의해 발색하는 것을 모방하여 깊고 선명한 광택을 내는 섬유를 개발하기도 하였다(그림 1-77).

③ 후각 소재

후각 소재로는 일반적으로 지름 5~10㎛의 마이크로캡슐에 방향성 약제를 넣고 이것을 섬유에 무수히 부착시켜 이 캡슐이 마찰에 의해 점차 파괴되어 서서히 향기를 내게 하는 소재가 있다. 마이크로캡슐은 직물 45cm^2당 1억 개의 캡슐을 부착시킬 수 있는 크기로 우수한 내구성과 지속성을 가지고 있으며 사과, 장미, 레몬, 라벤더 등 50여 종 이상의 다양한 향을 사용할 수 있다. 블라우스, 침구류, 넥타이, 스카프, 실내장식용 등에 널리 사용된다.

또한, 마이크로캡슐 안에 인체에서 나오는 유기물로 인한 세균 번식을 방지하는 항균방취제를 넣고 가공하여 악취를 막아주는 소재도 이에 속한다.

④ 청각 소재

청각 소재로는 견 특유의 사각거리는 소리(견명, silk scroop)를 모방한

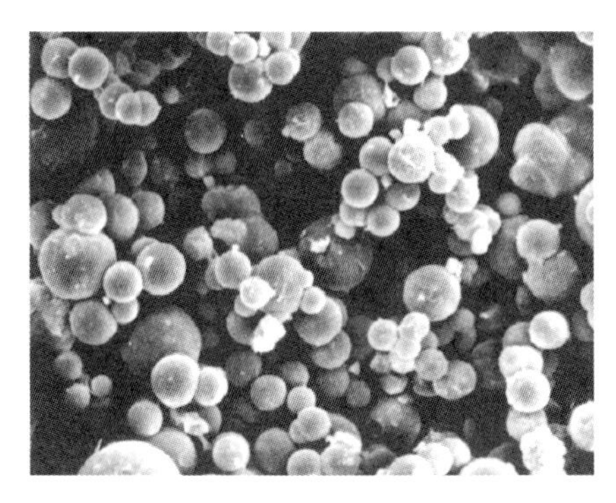
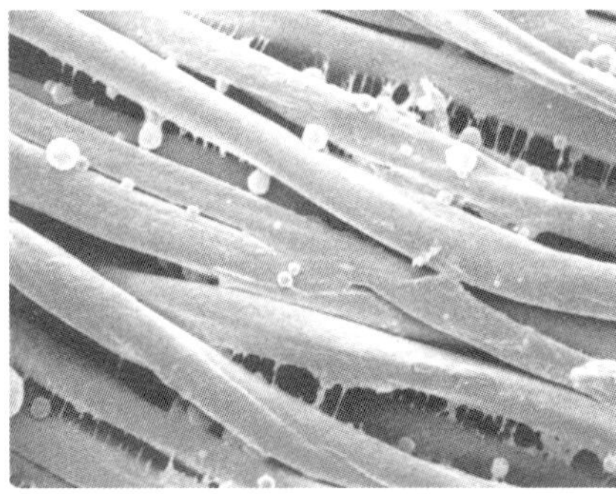

그림 1-78
마이크로캡슐

섬유가 있다. 합성섬유에서 이러한 소리를 내게 하려면 이형단면사(異形斷面絲)와 초극세사의 제조, 복합 가연(加撚) 등 고도의 기술이 필요하다. 이러한 소재는 견섬유의 독특한 소리를 낼 뿐만 아니라, 견섬유가 가지는 부피감, 반발성, 피복성을 갖고, 물세탁이 가능하며, 염색성을 개선하여 천연 견섬유와 대등한 기능을 갖는다.

(3) 고기능 소재

합섬기술의 발달과 함께 쾌적성, 안전성, 편리성, 내구성 등이 더욱 향상된 고기능(또는 다기능성) 섬유소재에는 다음과 같은 것이 있다.

① 쾌적성 의류소재

흡습, 흡한성이 있고 투습, 통기성이 좋은 의류소재로서 가볍고 보온 단열성이 좋은 의류소재를 포함한다. 또한 보온성이 좋으며 발수성이 있는 의류소재, 특수한 환경 하에서 신체를 보호하고, 가볍고 쾌적하면서 작업하기 쉽게 해주는 특수 기능복 소재 등이 포함된다.

고수축사와 극세사를 혼합하여 고밀도 제직하거나, 고수축가공을 통해 초고밀도 직물을 만들면 방수성, 발수성 등이 우수한 투습방수직물을 얻을 수 있으며, 섬유 표면의 모세관현상에 의해 수분 이동이 신속히 일어나는 흡수속건(吸水速乾) 소재를 만들 수도 있다. 착용감을 개선하기 위하여 촉감을 부드럽게 또는 스트레치성을 부여하여 쾌적성을 높이기도 한다.

② 난연성 소재

화재가 일어났을 때 섬유제품으로 인한 유독 가스의 발생 등 의복이나 실내장식용 섬유제품에 대한 내연성이 중요시됨에 따라 난연가공이 크게 발전되었다. 난연성 섬유소재는 무기섬유, 아라미드, 안정화된 아크릴섬유 등이 있으나 이들 섬유는 염색성, 피복성 등의 미적 결함과 촉감이 나쁘며 생산단가가 높다. 그러므로 직물에 난연성 수지를 처리하여 잘 타지 않도록 하는 것이 일반적이다. 난연가공에 의하여 의류용 섬유의 물성이나 쾌적성이 저하되지 않고 발색성, 내광성이 우수한 합성섬유 소재도 개발되고 있다.

③ 초제전성 소재

초제전성 작업복이나 도전성 카펫류 등은 특수한 환경의 작업환경을 더욱 안전하게 하고 또한 현대의 첨단 반도체 전자소자의 파괴나 작동불량을 예방하는 데 효율적으로 사용된다. 산업용 섬유제품 중 정전기에 의한 화재, 장해 등의 문제가 발생되는 필터(filter) 등에도 제전성 소재가 필요하다.

④ 자외선차단 소재

자외선 산란제(무기화합물)와 자외선 흡수제(유기화합물)를 원사 내부에 혼합하는 방법, 섬유에 흡착시키거나 표면에 고착시키는 방법, 코팅 또는 필름 라미네이팅에 의하여 직물표면에 피막을 형성하는 방법 등에 의해 자외선 차단 소재를 만든다. 블라우스, 유니폼, 양산 등에 이러한 자외선 차폐 섬유가 이용될 수 있는데, 자외선 흡수제를 방사 단계에서 다량 혼합해 만든 섬유는 90% 이상의 자외선차단 효과를 갖는다.

⑤ 축열보온(蓄熱保溫) 소재

종래의 보온은 공기층을 이용하거나 금속물질을 직물에 코팅하여 복사열을 반사시키는 것이었으나, 최근에는 원적외선 방사 세라믹을 이용하여 신체에서 발산되는 열을 흡수하여 다시 원적외선으로 방출하거나 태양광을 흡수하여 열에너지를 전환 · 축적함으로써 보온성을 향상시키고 있다(그림

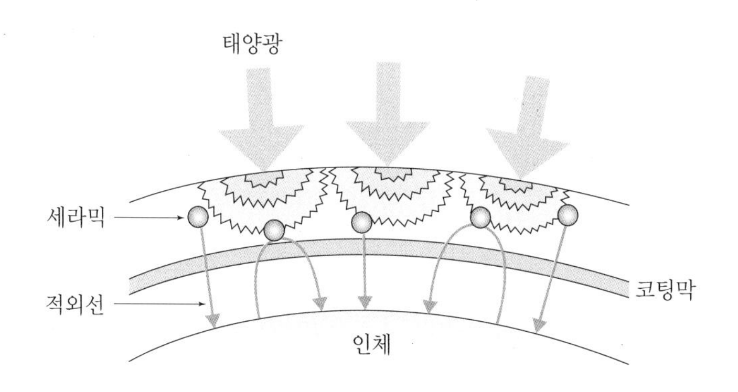

그림 1-79 축열보온 가공소재의 구조

1-79). 축열보온 가공소재에는 흡습 · 흡수성, 투습 · 방수성, 신축성 등의 기능을 부가시켜 쾌적성을 높이기도 한다.

⑥ 항균방취 소재

이불, 소파, 양말 등의 생활용품에는 인체에서 나온 땀, 지방, 단백질 등 유기물이 부착되어 미생물이 번식하기 좋은 환경조건이 되므로 인체에 악영향을 미칠 수 있다.

항균방취 소재는 특수한 항균성 화합물이 섬유로부터 유출되어 주변에 효과를 발휘하는 것과 항균성을 발휘하는 부분이 섬유에 강하게 부착되어 있으면서 미생물과의 접촉에 의해 효과를 발휘하는 것 또는 은 나노 입자를 혼합한 것 등이 있다.

이 외에도 외부의 열, 빛 등에 의해 형태가 바뀌는 형상기억 섬유, 나노기술을 이용한 셀프 클리닝 섬유, 두 개의 전자영역 사이에 전도성 재료를 삽입하여 한 면에 있는 전자파가 다른 면에 도달하지 못하게 하는 전자파차단 소재 등의 고기능성 소재들이 개발되고 있으며, 일부는 실용화되고 있다.

그림 1-80 위생가공 · 항균방취 마크

2 섬 유

1. 섬유의 성질
2. 천연섬유
3. 인조섬유

2 섬 유

1. 섬유의 성질

옷감은 이루는 섬유는 고분자물질로 되어 있으며, 화학적인 조성에 따라 성질이 다르다. 특히 인조섬유의 경우 같은 화학적인 조성을 가지고 있어도 생산공정에 따라 내부구조가 달라지고, 그에 따라 성질도 다르다.

1) 내부구조

(1) 섬유를 만드는 화합물

섬유는 가늘고 긴 물질이며, 섬유를 이루는 물질도 그 분자구조가 가늘고 길다. 가늘고 긴 분자는 작고 간단한 분자가 수백에서 수천 개 되풀이 결합되어 중합체 또는 고분자를 이룬 것이다. 이 때 간단한 분자를 단량체라고 한다(186쪽 부록 3. 섬유의 화학적 조성 참조).

(2) 결정과 배향성

섬유고분자가 규칙적으로 배열되어 있는 상태를 결정이라 하고, 이들 결정이 섬유길이 방향으로 평행하게 배열되어 있는 것을 배향성이 우수하다고 한다. 대체로 결정화도가 큰 섬유는 비중, 강도, 탄성회복률 등이 우수한

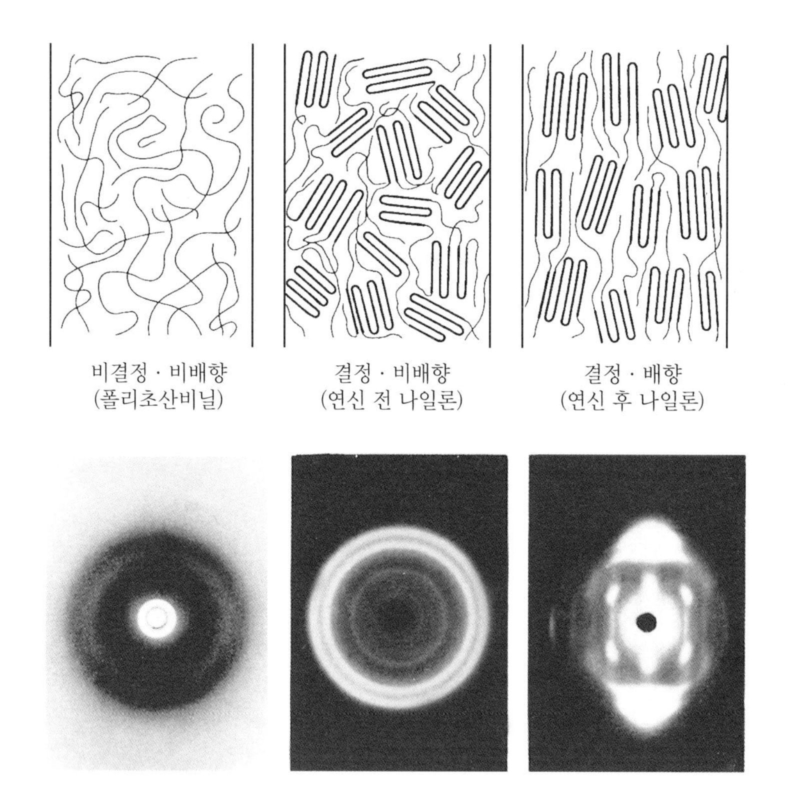

그림 2-1
섬유 내부의 결정과 배향성 모형도(위), X선 회절사진(아래)

반면 비결정 부분이 많은 섬유는 신도, 흡습성, 염색성 등이 우수하다.

2) 물리적 성질

(1) 색 상

천연섬유 중 셀룰로스 섬유는 흰색 또는 크림색의 고유한 색상을 나타내며, 동물성섬유는 흰색, 크림색, 갈색 또는 검정색의 고유한 색상을 보이고 있다. 인조섬유는 대부분 백색을 나타낸다. 최근 면섬유의 경우 유전자 조작을 통하여 갈색, 녹색 등을 가진 섬유가 만들어지고 있다.

(2) 형 태

① 굵기와 길이

섬유는 가늘고 길어야 한다. 섬유의 굵기는 10~30㎛ 내외로 종류에 따라 차이가 있으며, 섬유의 굵기는 주로 데니어와 텍스로 표시한다. 섬유의 길이는 종류에 따라 큰 차이가 있다. 섬유에는 면이나 양모처럼 길이가 수 cm 정도인 짧은 스테이플(staple) 섬유와 견이나 인조섬유와 같이 길이가 수 km인 필라멘트(filament) 섬유가 있다. 인조섬유는 제조과정에서 먼저 필라멘트 섬유가 얻어지지만 필요에 따라 적당한 길이로 절단하여 스테이플 섬유로 만들기도 한다. 목재 펄프나 면 린터 등은 길이가 너무 짧아서 실을 만드는 섬유재료로 이용되지 못하고 종이나 인조섬유의 원료로 사용하고 있다.

② 단면과 측면

섬유는 종류에 따라 독특한 형태를 나타내고 있다. 천연섬유는 고유의 형태를 보이지만, 인조섬유의 경우 주로 방사방법에 따라 단면과 측면이 다르게 나타난다.

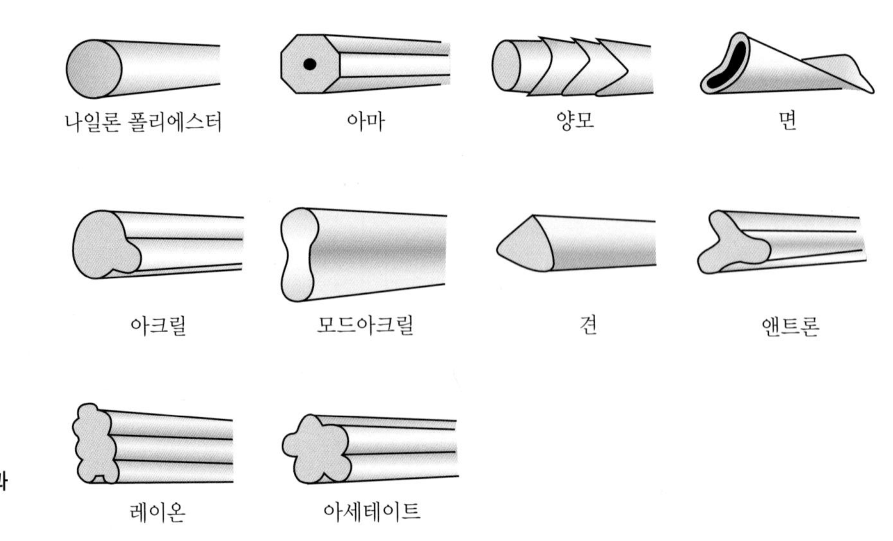

그림 2-2 섬유의 단면과 측면

③ 권 축

양모를 확대경으로 보면 섬유가 매우 곱슬곱슬하다. 이와 같은 섬유의 파상굴곡을 권축이라 한다. 권축을 가지고 있는 섬유는 방적성이 좋으며, 이 섬유로 만든 옷감은 함기량이 많아서 따뜻하며 촉감도 부드럽다. 이 점을 이용하여 인조섬유에 인공적으로 권축을 만들기도 한다.

3) 기계적 성질

(1) 강도와 신도

섬유를 잡아당기면 늘어나다가 힘에 견디지 못하고 끊어진다. 이와 같이 섬유를 끊는 데 들어가는 단위 굵기에 대한 힘을 강도라 하고, 단위로는 g/d(또는 g/tex)를 사용한다. 섬유가 끊어질 때까지 늘어나는 정도는 신도라 하며, 끊어질 때까지의 늘어난 길이를 섬유 원래의 길이로 나눈 퍼센트(%)값으로 나타낸다.

$$\text{신도}(\%) = \frac{\text{늘어난 길이}}{\text{원래의 길이}} \times 100$$

강도는 섬유의 내구성과 밀접한 관계가 있다. 섬유의 강도가 적어도 1g/d 이상은 되어야 실을 뽑을 수 있고, 실용적인 옷감을 만들 수도 있다. 섬유의 강도나 신도는 온도와 습도의 영향을 받으므로, 섬유를 시험할 때에는 섬유의 시험 표준상태인 온도 20℃, 상대습도 65%에서 하는 것이 좋다.

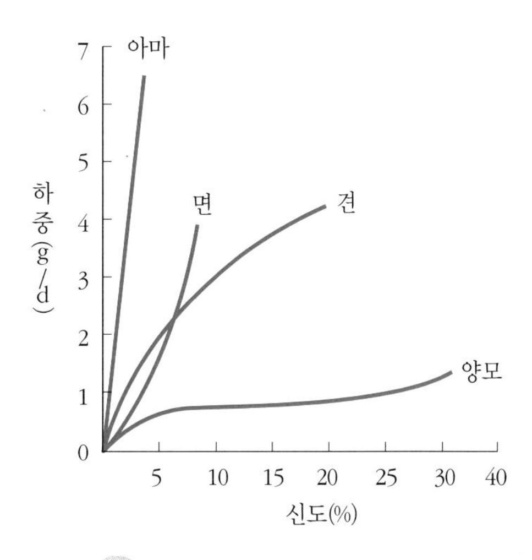

그림 2-3 섬유별 강신도 곡선

섬유의 표준상태에서 얻어진 강도와 신도를 각각 섬유의 건강도와 건신도라 하며, 섬유가 물을 흡수하였을 때의 강도와 신도를 습

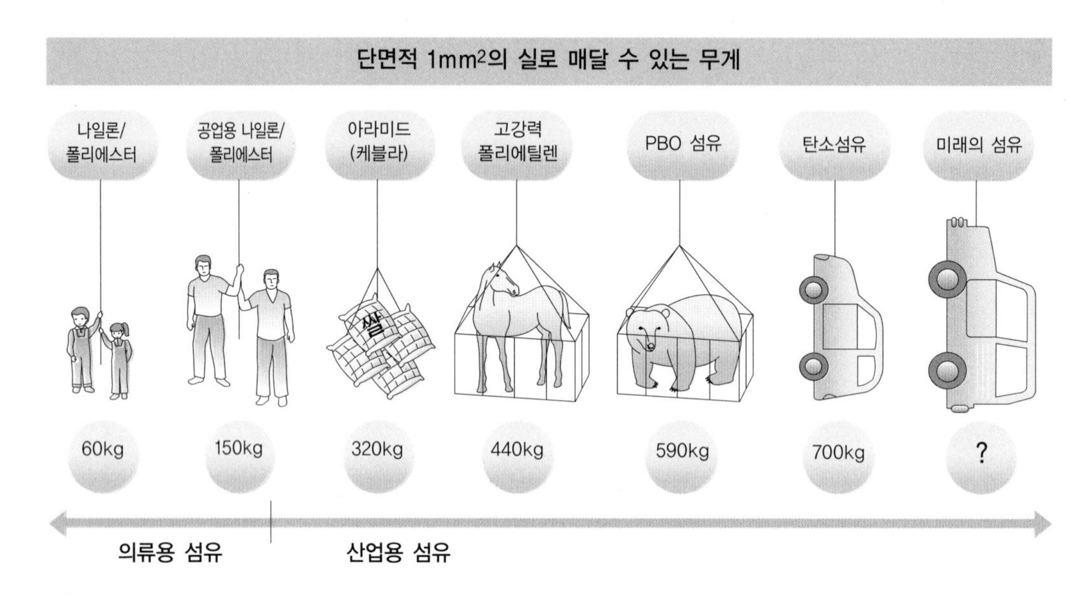

그림 2-4
섬유의 강도 비교

윤강도와 습윤신도라 한다.

(2) 탄성과 리질리언스

섬유가 외부의 힘을 받아서 신장되었다가 힘이 제거되면 다시 원상태로 줄어드는 성질을 탄성이라 한다. 탄성의 크기는 탄성회복률로 나타낸다. 탄성회복률은 섬유를 잡아당겼을 때 늘어난 길이에 대하여 회복된 길이를 퍼센트(%)로 표시한다.

$$\text{탄성회복률(\%)} = \frac{\text{줄어든 길이}}{\text{늘어난 길이}} \times 100$$

한편, 섬유를 굴곡 또는 압축시켰다가 놓았을 때에 본래의 상태로 회복되는 성질을 리질리언스(resilience)라 한다. 리질리언스는 3차원적 성질을 말하며 탄성은 2차원의 성격을 띤다. 따라서, 탄성과 리질리언스가 좋은 섬유로 만든 옷감은 구김이 덜 생기고 옷의 변형도 적다.

일반적으로 나일론, 폴리에스터, 아크릴과 같은 합성섬유는 탄성이 대단히 좋은 편이고, 천연섬유 중에서는 양모섬유가 우수한 탄성을 가지고 있다.

(3) 마찰강도와 굴곡강도

의복은 사용 중에 수없이 많은 굴곡과 마찰을 받아 닳게 되므로 섬유의 마찰과 굴곡에 대한 강도는 옷의 내구성을 좌우하는 중요한 요소가 된다.

나일론은 특히 마찰 및 굴곡강도가 큰 섬유이므로 내구성이 좋다. 그러나 유리섬유는 강도가 크지만, 마찰 및 굴곡강도가 나빠 옷감으로는 부적당하다.

(4) 비 중

옷은 가벼운 것이 바람직하지만, 옷의 디자인에 따른 맵시를 고려할 경우는 어느 정도의 비중이 있는 것이 좋다. 우리가 사용하는 섬유에는 그 비중이 0.91로 물보다 가벼운 것도 있고, 유리섬유와 같이 물의 2배 이상 무거운 것도 있다

4) 화학적 성질

(1) 흡습성

흡습성은 옷감을 구성하고 있는 섬유가 인체 표면에 분비된 수분이나 대기중의 습기를 흡수하는 성질로, 보건위생 상 매우 중요하다. 대부분의 섬유는 흡습성을 가지고 있으나, 그 흡습량은 섬유의 종류와 대기습도에 따라 크게 달라진다. 흡습성의 크기는 표준상태에서 측정한 수분율로 나타내며, 다음과 같이 계산한다.

$$\text{표준수분율(\%)} = \frac{\text{함수 섬유의 무게} - \text{건조 섬유의 무게}}{\text{건조 섬유의 무게}} \times 100$$

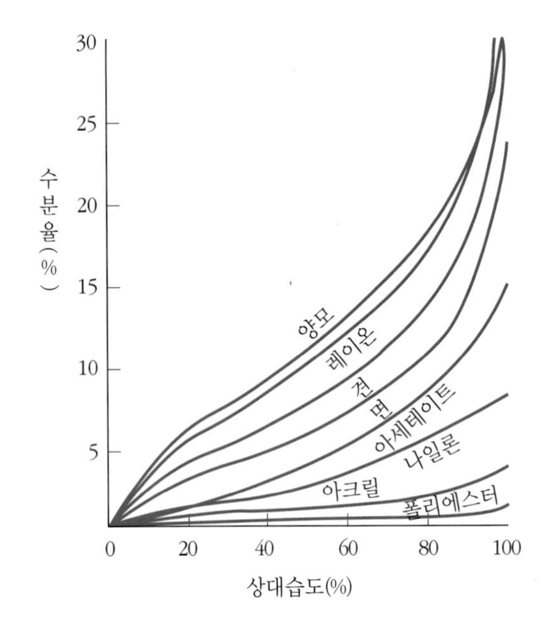

그림 2-5
상대습도에 따른 섬유의 수분율

대체로 천연섬유는 흡습성이 좋으나, 합성섬유는 흡습성이 좋지 못하다. 흡습성이 큰 섬유는 인체의 여러 가지 분비물을 잘 흡수하여 피부의 청결을 유지해 주고, 대기 중에서 습기를 흡습할 때에 흡습열을 발생하므로 따뜻한 느낌을 주게 된다. 그뿐 아니라, 흡습성이 좋은 섬유는 대체로 염색이 잘 되고 정전기가 잘 생기지 않는다.

흡습성이 작은 섬유는 염색성이 나쁘고 정전기가 축적되며, 여러 가지 위생상의 문제를 일으키는 단점이 있는 반면 세탁 후에 쉽게 건조되는 장점이 있다.

섬유의 원료는 무게로 거래되므로 섬유가 함유하고 있는 수분의 많고 적음은 그 가격에 영향을 끼치게 된다. 따라서 섬유의 거래에는 기준이 되는 일정한 수분율을 국가에서 정하고, 이에 따라 거래하도록 하고 있는데, 이를 공정수분율이라 한다. 공정수분율은 대체로 표준수분율과 비슷하나 반드시 일치하지는 않는다.

(2) 내열성

섬유는 제조과정과 사용 중에 여러 가지 열처리를 받게 되므로 어느 정도 열에 견디고, 또 잘 타지 않는 것이 좋다. 천연섬유는 대체로 내열성이 좋으나, 인조섬유 중에는 열에 예민한 것이 많아서 취급에 주의해야 한다. 실용적인 의복에 사용되는 섬유는 100℃ 이상의 온도에서 오래 보존하여도 변화가 없어야 하며 150℃ 이상의 온도에 견디어야 다림질을 할 수 있다.

(3) 열가소성

옷감에 힘을 주어 모양을 잡아 주면 그 힘을 제거해도 그 모양이 변하지 않고 유지된다. 이 성질을 가소성이라 한다. 특히, 열과 힘의 작용으로 인하여 영구적인 변형이 생기는 것을 열가소성이라 한다. 섬유의 융점보다 약간 낮은 온도에서 원하는 형태를 잡아 고정하면 사용 중에 형태의 변화가 거의 일어나지 않는다. 그러므로 열가소성은 의복의 형태에 안정성을 주는 중요한 성질이다.

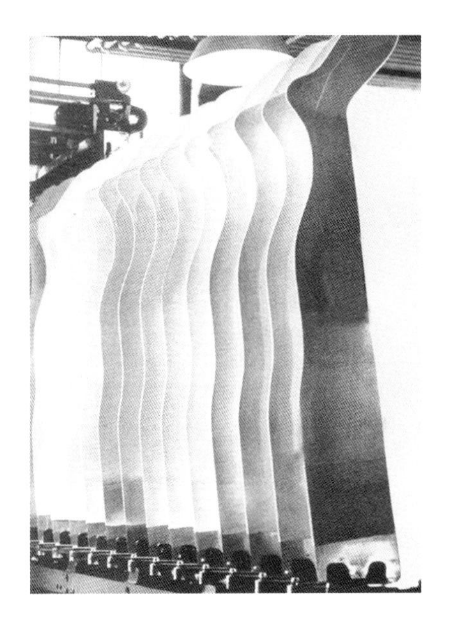

그림 2-6 열가소성을 이용한 나일론 스타킹의 성형

폴리에스터, 나일론 등 합성섬유는 열가소성이 특히 우수하다. 폴리에스터 주름치마나 나일론 스타킹 등은 열가소성을 이용한 열고정의 좋은 예이다.

(4) 열전도성

섬유는 그 종류에 따라 열전도성에 차이가 있다. 아마와 같이 열전도성이 큰 섬유는 시원하게 느끼게 하므로 여름옷에 적당하고, 양모와 같이 열전도성이 작아서 보온성이 좋은 섬유는 겨울옷에 적당하다.

(5) 내연성

근래에는 섬유가 잘 타지 않는 성질, 즉 내연성이 의복 재료의 안전성과 관련하여 중요하게 여겨지고 있다. 특히, 어린이의 잠옷이나 이불, 침대의 시트와 커튼, 실내장식에 사용하는 각종 섬유 등은 잘 타지 않는 것을 사용하는 것이 좋다. 다음은 섬유를 내연성에 따라 분류한 것이다.

- 전혀 타지 않는 섬유 : 석면, 유리섬유, 스테인리스강섬유
- 불꽃 속에서는 타지만 불꽃 밖에서는 저절로 꺼지는 섬유 : 모드아크릴, 사란, 비니온
- 불꽃 속에서는 잘 타지만 불꽃 밖에서는 힘들게 타다가 대개는 저절로 꺼지는 섬유 : 양모, 견, 나일론, 폴리에스터
- 잘 타는 섬유 : 면, 마, 레이온, 아세테이트, 아크릴, 스판덱스

(6) 염색성

섬유제품은 원색 그대로 사용하거나 흰색으로 사용하는 경우도 있지만 대부분은 염색하여 사용하므로, 염색성은 의복재료가 갖추어야 할 중요한 성질이다.

일반적으로, 천연섬유는 염색성이 좋아서 여러 가지 염료를 사용하여 다양한 색상으로 염색할 수 있다. 그러나 합성섬유 중에는 염색성이 좋지 않아 특수한 염료, 특수한 방법으로 염색해야 하는 경우가 있는가 하면, 폴리프로필렌과 같이 전혀 염색이 되지 않아서 원액 염색을 해야 하는 경우가 있다.

염색된 의복재료는 세탁, 다림질, 표백제, 일광 등에 의하여 색상이 변하거나 퇴색되지 않아야 실용적인데, 이러한 염색의 내구성을 염색견뢰도라고 한다.

(7) 대전성

옷감 또는 섬유가 마찰이 되면 정전기가 생겨서 달라붙는 것을 볼 수 있는데, 이렇게 섬유가 전기를 띠는 성질을 대전성이라 한다. 대체로 흡습성

이 큰 천연섬유는 대전성이 작으나 폴리에스터, 나일론, 아크릴 등 흡습성이 낮은 합성섬유는 대전성이 크다. 대전성이 큰 섬유는 오염이 잘 되고, 세탁성이 좋지 않다. 또한 실을 뽑거나 옷감을 짤 때 정전기가 축적되어 문제를 일으키기 쉽다.

(8) 내약품성

섬유를 옷감으로 만들기까지는 표백, 염색, 가공 등의 과정을 거친다. 이

표 2-1 섬유의 내약품성

섬유	산	알칼리	표백제	유기용제
면	약함	견딤	견딤	강함
마	약함	견딤	견딤	강함
양모	대개 견딤	약함	염소계에 약함	강함
견	대개 견딤	약함	염소계에 약함	강함
레이온	약함	농·열알칼리에 약함	면보다 약함	강함
아세테이트	농·열산에 약함	약함	레이온보다 약함	아세톤, 빙초산, 페놀, DMF에 녹음
나일론	농·열산 및 염산에 약함	강함	염소계에 약함	페놀, 농개미산에 녹음
폴리에스터	강함	견딤	강함	견딤
아크릴	강함	강함	강함	아세톤에 약함 DMF에 녹음
비닐론	농·열산에 약함	강함	강함	페놀, 크레졸, 개미산에 녹음
사란	강함	강함	강함	견딤
폴리프로필렌	강함	강함	강함	퍼클로로에틸렌(드라이클리닝)에 약함
폴리우레탄	강함	강함	염소계에 약함	DMF에 녹음

* DMF : Dimethylformamide

출처 : 日本纖維製品消費科學會, 『纖維製品消費科學 핸드북』, 光生堂, 1988, pp.41-43.

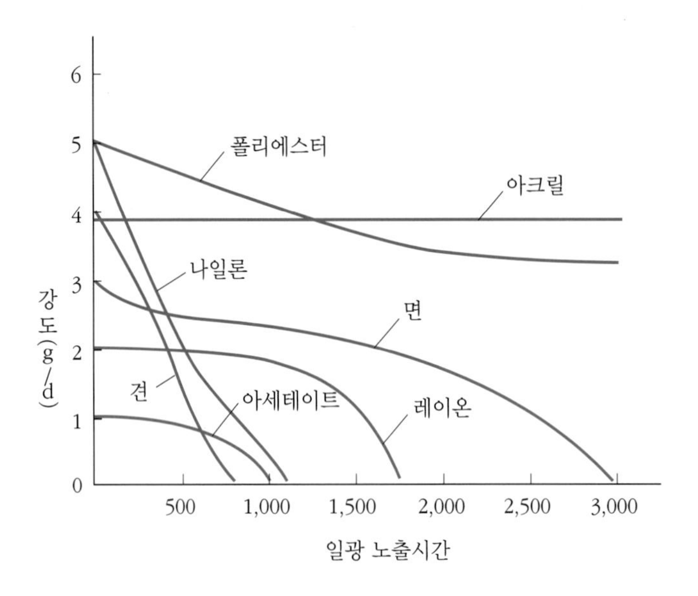

그림 2-7
섬유의 내일광성

때, 섬유는 여러 가지 약품처리를 받을 뿐 아니라, 사용하는 중에도 세탁, 드라이클리닝 등의 과정에서 여러 가지 약품과 접촉하게 되므로, 약품에 대하여 안전해야 한다.

일반적으로, 셀룰로스 섬유는 산에는 약하나 알칼리에는 강하고, 단백질 섬유는 산에는 비교적 강하나 알칼리에는 약하다. 인조섬유는 대체로 내약품성이 좋으나, 나일론과 비닐론은 산에 약하다. 그리고 단백질 섬유와 나일론은 염소에 약하므로 염소계 표백제를 사용하지 않아야 한다.

(9) 내일광성과 노화

섬유는 자연환경에 장시간 노출되면 일광, 수분, 공기오염물 등에 의해 약해지는데 이것을 섬유의 노화라고 한다. 그림 2-7과 같이 견과 나일론은 일광에 의해 강도가 급속히 떨어지며, 아크릴과 폴리에스터는 내일광성이 매우 좋다. 그러므로 커튼이나 양산과 같은 제품에는 내일광성이 우수한 섬유재료를 사용해야 한다.

5) 생물학적 성질

(1) 내충성

반대좀(衣魚), 수시렁이 등과 같은 곤충은 섬유를 침해한다. 양모섬유는 주로 좀에 의해 손상되는데, 4~9월경 유충이 활약할 때가 가장 피해가 크다. 그리고 셀룰로스 섬유인 면과 레이온도 반대좀에 의해 손상된다.

(2) 내균성

미생물 중 곰팡이류도 섬유를 손상시킨다. 면섬유는 곰팡이에 의해 변색되고 강도가 감소하며 결국은 부패한다. 재생섬유인 레이온도 곰팡이에 의해 손상된다. 반면 아세테이트와 합성섬유는 풀감이나 때가 묻어 있지 않으면, 곰팡이의 침해를 받는 일이 거의 없다.

2. 천연섬유

천연섬유는 자연에서 섬유상태가 그대로 얻어지는 것으로, 천연의 독특한 형태와 성질을 가지고 있다. 섬유의 성분에 따라 셀룰로스 섬유와 단백질 섬유로 구분한다.

1) 셀룰로오스 섬유

면, 마와 같이 식물체에서 얻을 수 있는 섬유는 모두 셀룰로스라는 화합물로 구성되어 있다. 그러므로 식물성섬유를 셀룰로스 섬유라고도 한다.

(1) 면

인류가 면을 의복 재료로 사용한 것은 지금부터 4000~5000년 전 인도에서 시작된 것으로 알려져 있다. 우리나라에 면이 재배되기 시작한 것은 고

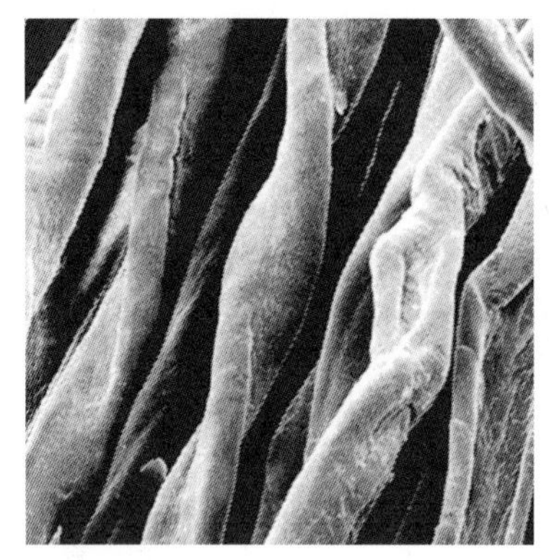
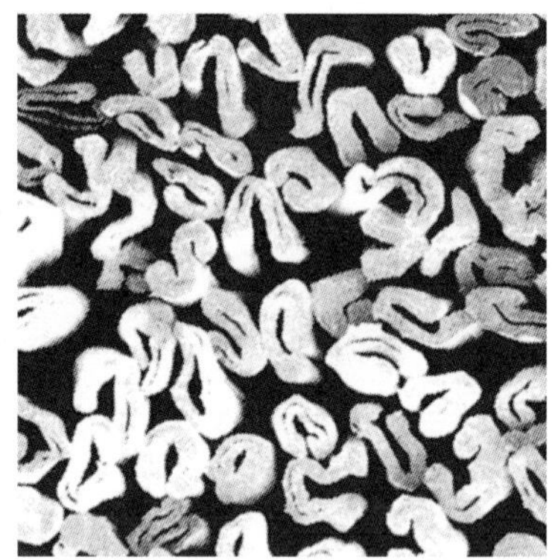

그림 2-8
면섬유의 현미경 사진

려 공민왕(1367) 때이다.

면은 열대 지방에서도 생산되지만, 생육에 가장 적당한 곳은 아열대 지방이다. 현재 중국에서 가장 많이 생산하고 있으며 미국, 소련, 인도 등의 여러 나라에서도 많이 생산한다. 우리나라의 면 생산량은 극히 적어 수요의 대부분을 미국, 중국 등에서 수입하고 있다.

면섬유는 산지에 따라 해도(Sea Island)면, 이집트면, 미국면, 중국면, 인도면 등의 품종이 있으며, 품종에 따라 섬유의 형태 및 강도에 약간의 차이가 있다. 해도면, 이집트면, 미국면 순으로 품질이 좋다.

① 형 태

길이는 1.0~5.5cm 정도로 아주 짧은 섬유이다. 면섬유를 현미경으로 보면 측면은 리본 모양으로 되어 있으며, 꼬임을 가지고 있다. 단면은 강낭콩 모양과 비슷하며, 중앙에는 빈 공간인 중공이 있다.

② 성 질

강도는 건조 시에는 3.0~5.0g/d로 꽤 큰 편이며, 습윤 시에는 10% 정도 증가한다. 표준수분율은 8%로서 흡습성이 우수하다. 탄성과 리질리언스가 좋지 않아 구김이 잘 생긴다.

내산성은 좋지 못하여 무기산에 의해서는 쉽게 분해된다. 알칼리에는 잘 견디므로 세탁, 정련, 표백, 염색 등에 사용되는 정도의 알칼리에는 별로 손상을 받지 않는다. 머서화 가공은 면을 수산화나트륨 용액에 팽윤시켜 면의 강도, 광택, 염색성 등을 향상시키는 것으로서, 면의 알칼리에 대한 내성을 이용한 것이다. 그러나 수산화나트륨과 같은 강한 알칼리 용액에서 가열할 때 공기와 접촉하면 섬유가 산화되어 약해진다. 내열성이 좋아 비교적 높은 온도에서 다림질을 할 수 있으며, 내일광성은 천연섬유 중에서 가장 좋다.

보관 중에 반대좀이 가끔 침식하는데, 풀기가 있으면 더 쉽게 침식된다. 온도와 습도가 높으면 곰팡이와 세균의 침해를 받는 경우가 있는데, 특히 섬유가 오염되어 있으면 더욱 쉽게 손상을 받는다.

③ 용도와 손질

면은 내구성이 좋고 위생적일 뿐 아니라, 세탁 등 손질이 쉬운 실용적인 섬유로, 속옷을 비롯하여 거의 모든 용도에 널리 사용된다.

면은 구김이 잘 가는 단점이 있지만, 수지가공으로 구김을 방지할 수 있어 용도가 더욱 다양해져가고 있다. 또 알칼리 세제에 견디며, 높은 온도에서도 세탁할 수 있을 뿐만 아니라 드라이클리닝용 용매에도 안정하다.

모든 표백제로 표백할 수 있으나, 수지가공된 것과 형광증백된 것은 염소계 표백제를 사용해서는 안된다. 직사일광에 의해 황변되므로 그늘에서 말리는 것이 좋다.

그림 2-9는 면의 품질을 소비자에게 알리기 위한 마크로 코튼 마크와 내추럴 블렌드 마크가 있는데, 코튼 마크는 면 100%를 표시하며, 최근 미국 면방협회에서는 면이 60% 이상 포함되었음을 표시하는 내추럴 블렌드

코튼 마크

내추럴 블렌드 마크

그림 2-9 면의 품질 표시

(natural blend) 마크를 내놓았다.

(2) 아 마

아마는 가장 오래된 역사를 가진 섬유로서, 19세기 초까지도 섬유 중에서는 가장 많이 사용되었다. 아일랜드, 벨기에, 러시아 등에서 많이 생산되고 있다.

① 형 태

식물의 줄기로부터 분리된 아마섬유는 여러 개의 단섬유가 집합된 섬유 다발을 이루고 있다. 아마섬유를 현미경으로 보면 단면은 다각형을 이루고 있으며, 중심에 작은 중공이 있다. 측면에는 다각형의 단면으로 인한 선이 보이고 곳곳에 마디가 있으며, 섬유 끝이 뾰족하여 다른 인피섬유와 구별된다.

② 성 질

아마의 강도는 건조 시에는 5.6~6.6g/d로 매우 크고, 습윤 시에는 15% 정도 증가한다. 탄성과 리질리언스가 나빠서 구김이 잘 생긴다. 표준수분율은 9%로서 흡습성이 우수하며, 내열성이 좋아서 안전 다리미 온도가 230℃로 섬유 중에서 가장 높다.

내약품성은 면과 비슷하나, 알칼리 세제나 표백제에 대해서는 면보다 약하다. 내일광성은 면보다 나쁘지만 내충성과 내균성은 모두 면보다 좋다. 그리고 기온이 높고 습기가 많으면 곰팡이나 세균에 의해서 손상되기 쉽다.

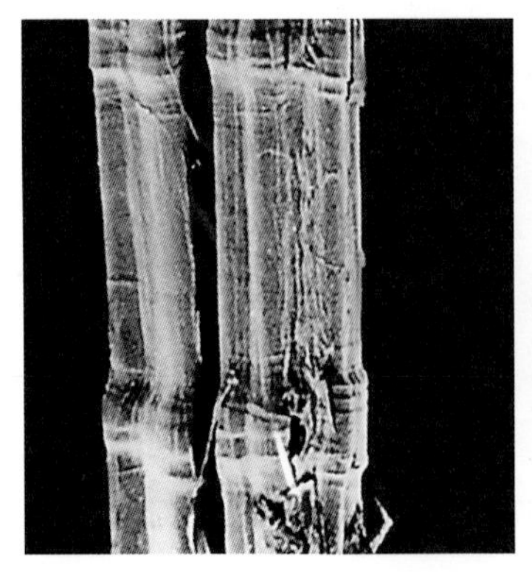

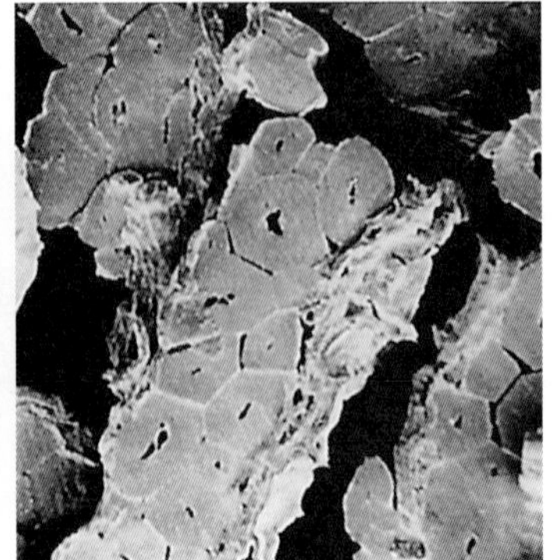

그림 2-10 아마섬유의 현미경 사진

③ 용도와 손질

아마는 열전도성이 좋고, 초기탄성률이 커서 뻣뻣하므로, 여름용 옷감으로 적당하다. 아마 직물은 탄성과 리질리언스가 나빠서 구김이 잘 생기는데, 수지가공을 하거나 폴리에스터와 혼방하여 이 단점을 개선하고 있다. 흡수와 건조가 빠르고 습윤강도가 커서, 자주 세탁하는 행주, 손수건, 식탁보 등에도 적합하다. 취급방법은 면섬유와 같다.

그림 2-11
아마 품질 표시

서유럽의 아마 생산업체는 아마 실(seal)을 제정하여 이를 전 세계에 공고하였는데, 이 실은 순 아마와 하프 리넨 소재를 감별하는 데 사용되며 아마의 함량이 50% 이상인 제품에 사용하는 마크이다(그림 2-11).

(3) 저 마

저마섬유는 우리나라에서는 모시라 하며, 오래 전부터 여름의 한복감으로 사용되어 왔다. 충청남도의 한산 지방이 모시의 주산지로 알려져 있다. 섬유의 형태나 성질이 열대 지방에서 재배되는 라미(ramie)와 거의 같아서, 이 두 가지를 구별하지 않고 동일한 섬유로 다루고 있다.

① 형 태

인피섬유 중에서 비교적 섬유의 길이가 길다. 색은 담록색을 띠고 있으나 정련, 표백하면 견의 광택을 가진 고운 섬유를 얻을 수 있다. 저마섬유를 현미경으로 보면 단면은 타원형이며 큰 중공을 가지고 있고, 섬유의 끝이 둥글어서 아마와 쉽게 구별할 수 있다.

② 성 질

강도는 5.0~7.4g/d로서 매우 크고, 면이나 아마와 마찬가지로 습윤되면 강도가 약간 증가한다. 그 밖의 성질은 아마와 같다.

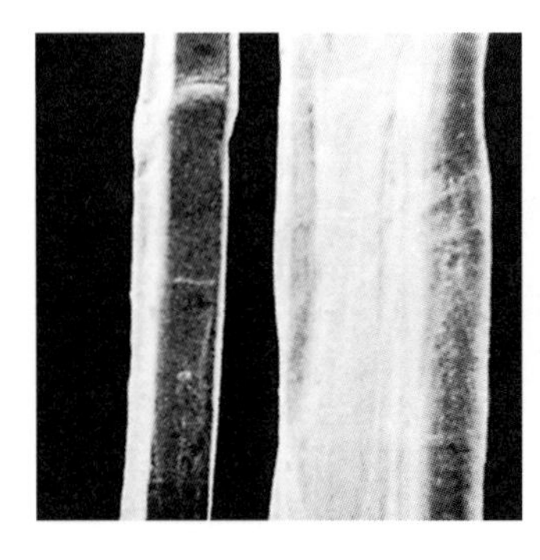
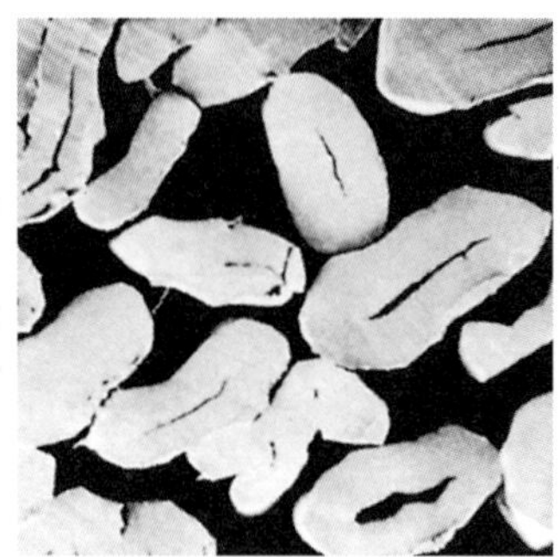

그림 2-12 모시섬유의 현미경 사진

③ 용도와 손질

예부터 모시는 여름 한복감으로 이용되고 있다. 구김이 잘 생겨서 모시 단독으로 사용되기보다는 폴리에스터와 혼방하거나 수지가공하여 여름용 드레스셔츠 등에 이용된다. 취급방법은 아마와 같다.

(4) 대 마

대마는 기후에 대한 적응력이 좋아서 세계 각지에서 재배되고 있다. 우리나라에서도 삼베라 하여 재배되고 있는데, 안동 지방의 삼베가 유명하다.

① 형 태

현미경으로 보면 단면은 다각형을 이루며, 중공은 아마보다 크다. 측면은 길이 방향으로 많은 선이 보이고, 군데군데 마디가 있다.

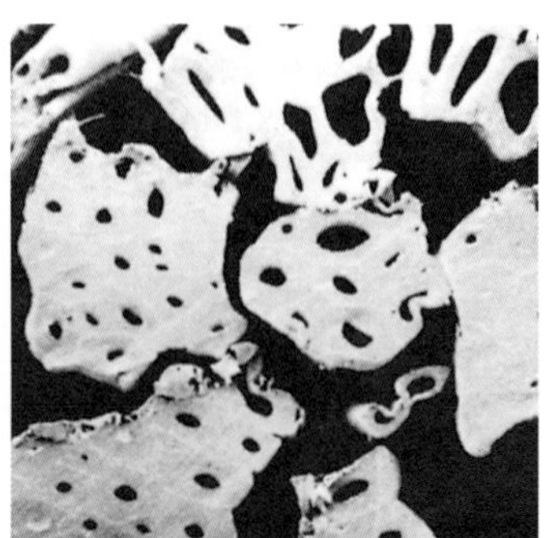

그림 2-13 대마의 현미경 사진

② 성 질

대마섬유의 강도는 6g/d 정도로 매우 크지만, 섬유가 거칠고 탄성과 리질리언스가 나빠서 구김이 잘 생기며, 표백하면 크게 손상된다. 다른 마섬유와 같이 여름용 옷감으로 쓰이고, 특히 대마는 강도가 크고 내수성이 좋아서 표백하지 않은 상태로 끈, 카펫의 기포(基布), 구두나 가방의 재봉실 등에 사용되고 있다.

2) 단백질 섬유

동물에서 얻은 섬유들은 양모나 견섬유와 같이 그 화학적 조성이 단백질로 되어 있다. 양모의 구성단백질은 케라틴이고, 견의 구성단백질은 피브로인이다.

(1) 양 모

면양의 털을 양모라 한다. 면양은 기후가 온화한 유럽이나 오스트레일리아, 뉴질랜드 등에서 많이 사육되고 있다. 면양에는 여러 종류가 있으나, 크게 메리노종, 재래종, 잡종으로 나뉜다.

그림 2-14 메리노 면양

가장 좋은 양모는 메리노종에서 얻을 수 있으며, 같은 메리노종이라도 사육되는 지방의 기후와 영양상태에 따라 양모의 질이 다르다. 현재는 오스트레일리아산 메리노종이 가장 우수한 양모로 알려져 있다. 양모는 보통 일년에 한 번 털을 깎는데, 면양의 부위에 따라서도 품질이 다르다. 양모는 값이 비싼 섬유이므로 방적, 제직, 재단, 봉재 과정에서 생긴 폐모나 한 번 사용한 헌 모직물에서 양모를 회수하여 다시 사용하기도 한다.

① 형 태

현미경으로 보면 단면은 원형에 가까우며, 겉면에는 스케일이라는 표피층이 있다. 측면은 막대모양을 이루고 있고, 생선비늘과 같은 스케일이 발달되어 있는 것을 볼 수 있다. 또, 양모섬유에는 권축이 발달되어 있어 곱슬곱슬한 모양을 나타내고 있다. 양모섬유의 굵기와 길이는 품종에 따라 큰 차이가 있는데 길이가 10～20cm, 굵기는 10～50㎛ 정도이다.

② 성 질

강도는 1.5g/d로 약한 편이고, 신도는 30% 정도로 큰 편이다. 초기 탄성률이 매우 작아서 섬유 자체는 유연한 섬유에 속한다.

천연섬유 중에서 탄성과 리질리언스가 가장 좋아 구김이 잘 생기지 않는다. 표준수분율은 16%로서 섬유 중에서 흡습성이 가장 크다. 그러나 양모섬유의 표면은 물을 튀기는 성질을 가지고 있다.

산에 대해서는 비교적 안정하여, 유기산에는 별로 해를 받지 않으나 강한 무기산에서는 분해된다. 알칼리에는 약해서 5% 수산화나트륨용액 중에서 가열하면 완전히 용해된다. 순수한 비누나 암모니아와 같은 알칼리에는 지장이 없지만, 유리 알칼리가 있는 세탁비누는 사용하기에 부적당하다.

양모는 150℃ 정도의 높은 온도에서 장시간 두어도 강도에는 큰 변화가 없으나, 완전히 건조하면 촉감이 거칠어지고, 다시 수분을 흡수하더라도 본래의 성질을 되찾지 못한다. 일광에 의해 강도가 떨어지나 견보다는 내일광성이 좋다. 내충성과 내균성을 보면 양모는 옷좀의 피해를 가장 잘 받는다. 곰팡이에 대해서는 쉽게 피해를 받지 않으나, 온도가 높고 습기가 많으면

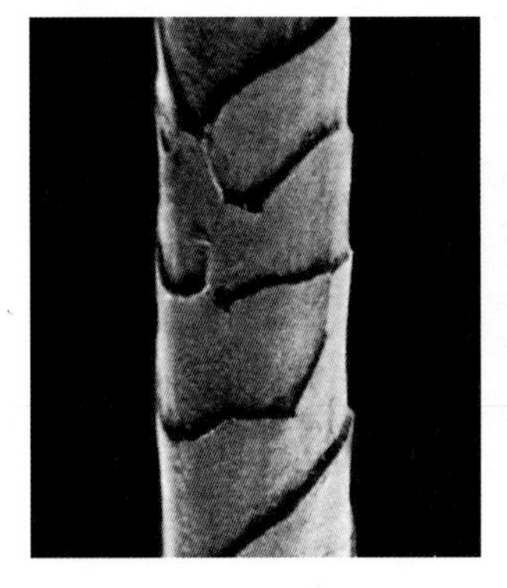
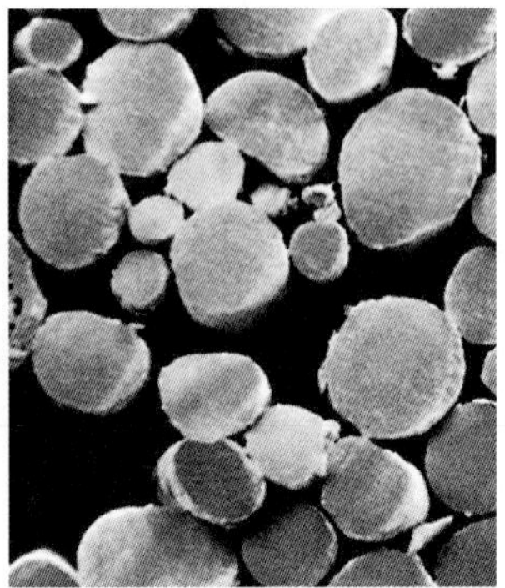

그림 2-15 양모의 현미경 사진

울마크
(신모 100%의 울제품)

울마크 블렌드
(신모가 50% 이상 사용된 울제품)

울 블렌드
(신모가 30~50% 사용된 울제품)

그림 2-16
울 품질 표시

곰팡이가 생기는 경우도 있다.

양모섬유는 표면에 스케일층을 가지고 있어서 서로 마찰하면 엉켜서 풀리지 않는다. 모직물이나 양모를 비눗물에 적셔서 문지르면 섬유가 엉켜 두꺼워진다. 이를 축융성(felting)이라 하는데, 이 성질을 이용하여 펠트를 제조하고 모직물에 축융가공을 하게 된다.

③ 용도와 손질

양모는 초기 탄성률이 작아서 아주 부드러운 섬유이다. 보온성이 좋고 위생적이며, 구김이 잘 생기지 않아 이상적인 의복재료이다. 또, 직물이나 편성물에도 계절에 관계없이 거의 모든 용도에 쓰인다.

그러나 양모는 축융성이 있으므로 세탁할 때 주의해야 한다. 세탁은 중성세제로 가볍게 하거나 드라이클리닝을 하는 것이 안전하다. 백색 양모는 사용 중에 황변하는데, 이를 막기 위해서는 알칼리 세제와 직사일광을 피해야 한다. 염소계 표백제에 의해서는 누렇게 되면서 섬유가 크게 상하다가 용해되므로 사용하지 말아야 한다.

다림질은 150℃ 이하가 안전하며 직물은 위에 다리미 천을 놓고 습기를 적당히 주면서 다리고, 편성물은 압력을 주지 않고 스팀으로 다려야 한다.

장기간 보관을 할 때에는 세탁 후 건조한 곳에 방충제와 함께 밀폐된 용기에 넣어 두는 것이 좋다.

(2) 헤어섬유

양모 외에 동물의 털에서 얻는 섬유를 헤어(hair)라고 한다. 헤어섬유는 스케일과 권축이 양모처럼 발달되어 있지 않아 형태상으로 양모와 구별이 되며, 캐시미어와 낙타모를 제외하면 대체로 굵고 억세다.

의복재료로 이용되는 헤어섬유는 모헤어와 캐시미어 등의 염소류, 낙타류, 그 밖의 헤어로 나눌 수 있다.

그림 2-17 모헤어 마크

① 모헤어

터키, 남아프리카, 북아프리카 등에서 사육되는 앙고라 염소에서 얻는 털을 모헤어(mohair)라 한다.

모헤어는 양모보다 섬유가 길고 굵다. 강도가 크고 스케일과 권축이 거의 없어 섬유가 곧으며, 표면이 매끄럽고 광택도 좋다. 리질리언스가 좋고 깔깔한 촉감을 가져 여름 양복감과 실내장식용 직물 등에 이용되고 있다.

② 캐시미어

티베트, 북부 인도, 이란 등지에서 사육되는 캐시미어(cashmere) 염소에

앙고라 염소

캐시미어 염소

그림 2-18 앙고라 염소와 캐시미어 염소

서 얻는 섬유이다.

섬유가 매우 부드럽고 우아한 광택을 가지고 있어 고급 숙녀용 코트, 스웨터, 숄 등에 사용된다.

③ 낙타모

낙타에는 쌍봉낙타와 단봉낙타의 두 종류가 있는데, 낙타모로 이용할 수 있는 것은 쌍봉낙타이다. 쌍봉낙타는 주로 몽고, 티베트 등 중앙아시아의 사막지대에 살고 있다.

섬유의 스케일과 권축이 헤어섬유 중에서 가장 발달되어 있다. 보온성과 방수성이 좋으며, 가볍고 부드러워 코트나 겨울용 옷감으로 애용된다.

섬유의 색은 짙은 갈색 혹은 회색인데, 표백을 해도 순백을 얻기가 어려워 자연색 그대로 또는 짙은 색으로 염색하여 사용한다.

④ 앙고라토끼털

앙고라토끼로부터 얻는 섬유이며 보통 6~8cm 길이의 섬유를 이용하고 있으며 색은 순백이다. 가볍고, 부드럽고 매끄러워서 모직물, 수편성물, 특히 숙녀용 스웨터, 장갑 등에 많이 이용된다.

이 앙고라토끼털은 권축이 없고 스케일이 발달되어 있지 않아서 단독으로는 방적이 어렵고 보통 양모나 기타 섬유와 혼합하여 방적한다. 방적 후

앙고라토끼

쌍봉낙타

그림 2-19 쌍봉낙타와 앙고라토끼

라마

알파카

비큐나

그림 2-20
라마속

에도 쉽게 빠져나오는 결점이 있다.

⑤ 라마류의 털

낙타과에 속하며 라마, 알파카, 비큐나, 구아나코 등이 이에 속한다. 매우 질이 좋은 헤어섬유를 생산하고 있으나, 워낙 생산량이 적어서 의류소재로서의 중요성은 작다. 비큐나는 모섬유 중 가장 부드러운 섬유로 알려져 있으며, 알파카의 솜털은 모헤어와 유사하고 매끄럽고 광택이 좋은 것으로 알려져 있다. 라마는 알파카와 유사하지만, 강도가 약간 약하다.

(3) 견

누에가 만든 고치로부터 얻는 섬유로서, 견섬유가 의복재료로 이용되기 시작한 것은 고대 중국에서부터이다. 우리나라에서는 기원전 1170년경부터 양잠이 시작된 것으로 알려져 있다.

누에가 입에서 섬유액을 토하여 누에고치를 지으면, 고치에서 나방이 나오기 전에 실을 뽑는다. 고치로부터 실을 뽑는 공정을 조사라 하며, 고치로부터 얻은 견사를 생사라고 한다. 생사는 세리신이라는 단백질에 싸여 있다.

생사는 이 세리신 때문에 거칠고 광택도 좋지 못하다. 생사를 비누나 약

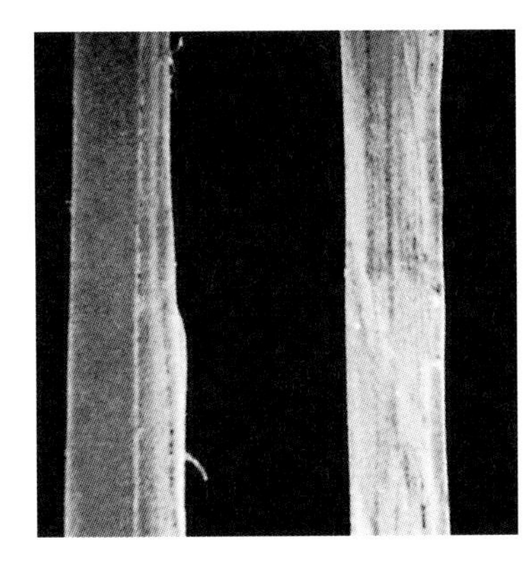

그림 2-21
정련견의 현미경 사진

알칼리 용액에 넣고 함께 가열하면 세리신은 용해되고, 부드럽고 우아한 광택을 가진 피브로인이 남는다. 이 과정을 정련이라 하며, 이 정련을 거친 견사를 숙사라 한다.

① 형 태

생사의 단면을 현미경으로 보면 삼각형 모양의 두 개의 피브로인 필라멘트가 세리신으로 감싸여 있다. 견 필라멘트의 길이는 1km 정도이고 굵기는 1～3데니어 정도이다.

② 성 질

견의 강도는 3.0～4.0g/d로 큰 편이며 탄성이 좋다. 생사의 표준수분율은 11%이다. 양모와 마찬가지로 산에는 비교적 잘 견디나 알칼리에 약하며, 그 밖의 약품에 대한 성질은 양모와 비슷하다. 내일광성은 섬유 중에서 가장 약하고, 미생물과 해충에 대해서 양모보다 안정하다.

③ 용도와 손질

견은 우아한 광택과 좋은 촉감 그리고 드레이프성이 좋아 여성의 드레스를 비롯하여 스카프, 넥타이 등에 널리 이용된다. 특히, 한복감으로는 견직물에 견줄 만한 소재가 없다. 그러나 값이 비싸고 내구성이 좋지 못하며 관리하기에 어려운 점이 있다.

그림 2-22
견 품질 표시

견섬유의 세탁은 드라이클리닝이 적당하지만 드라이클리닝에 의해 세탁이 충분하지 못한 경우가 많다. 이런 경우에 물세탁을 하게 되는데 세제로는 중성세제를 사용하고 세탁용수로는 철이 없는 단물(예를 들면 수돗물)을 사용하여 35℃ 이하의 수온에서 가볍게 주물러 빤 후 충분히 헹구어야 한다. 직사일광을 피하여 건조시키고, 150℃ 이하의 온도에서 다림질을 하도록 한다.

그림 2-22는 유럽의 견 사무국에서 제안하여 국제적으로 인정된 실크 마크로서 순견이면서 우수한 품질임을 의미한다.

3. 인조섬유

인조섬유에는 재생섬유와 합성섬유가 있다. 최초로 만들어진 인조섬유는 1880년대에 프랑스의 샤르도네 백작에 의해서 발명된 레이온이다.

1930년대 후반에 이르러 합성섬유인 나일론이 발명되었으며, 제2차 세계대전 이후 다른 여러 가지 합성섬유가 개발되었다.

1) 인조섬유의 제조

인조섬유는 원료를 가열하거나 화학약품에 녹여 방사원액을 만들고, 이것을 가늘고 긴 필라멘트 섬유로 재생시켜 만든 것이다.

같은 인조섬유라도 용도에 맞추어 섬유의 굵기나 단면의 모양을 다양하게 만들고 있다. 필요에 따라서는 방사원액에 광택을 감소시키기 위해 약품을 넣는다.

방사구의 크기와 구멍의 수는 목적하는 실의 종류에 따라 다르며, 몇 개의 방사구에서 나오는 것을 합쳐 굵은 로프 모양의 섬유를 얻는 것을 필라멘트 토우(filament tow)라 한다. 이 토우에 권축을 만들어 주고, 적당한 길이로 끊어서 스테이플 섬유를 만든다.

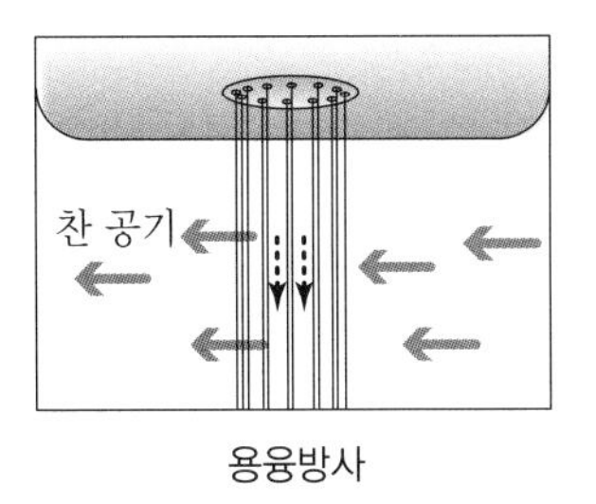

용융방사

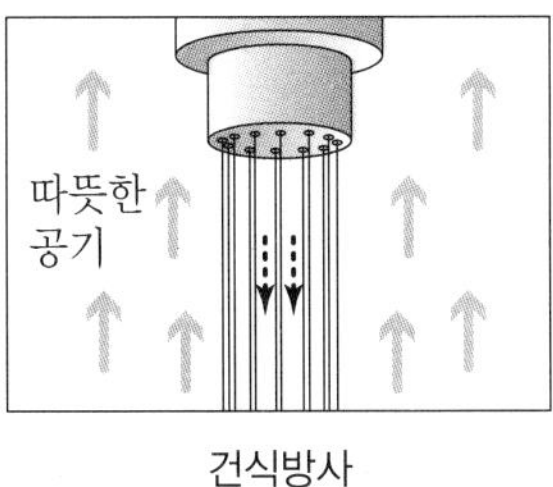

건식방사

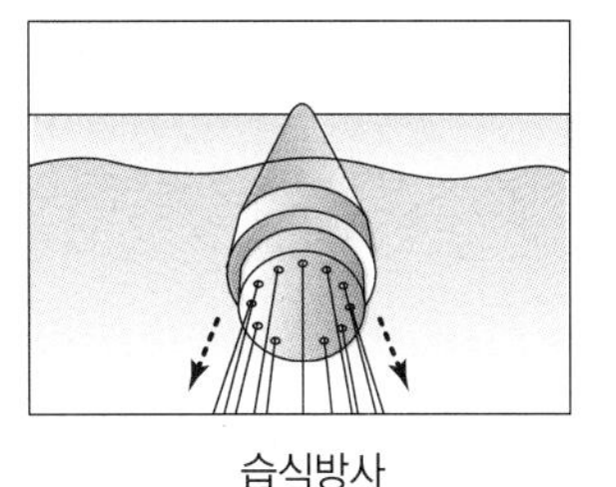

습식방사

그림 2-23
방사법의 종류

인조섬유의 방사방법에는 용융방사, 습식방사, 건식방사의 세 가지가 있다.

(1) 용융방사

인조섬유 원료를 가열하여 녹인 방사원액을 찬 공기 속에 방사하여 섬유를 만드는 방법이다. 나일론, 폴리에스터, 폴리프로필렌 섬유 등은 용융방사법으로 만든다.

(2) 건식방사

원료를 휘발성 유기용매에 용해하여 만든 방사원액을 더운 공기 속에 방사하고 유기용매를 증발시켜 섬유를 만드는 방법이다. 건식방사법으로 만들어지는 대표적인 섬유는 아세테이트를 들 수 있다.

(3) 습식방사

원료를 물이나 약품에 녹여 만든 방사원액을 물 또는 수용액 속에 방사하여 원액을 응고시켜 섬유를 만드는 방법이다. 레이온과 비닐론, 아크릴 등은 습식방사법에 의해 만들어진 것이다.

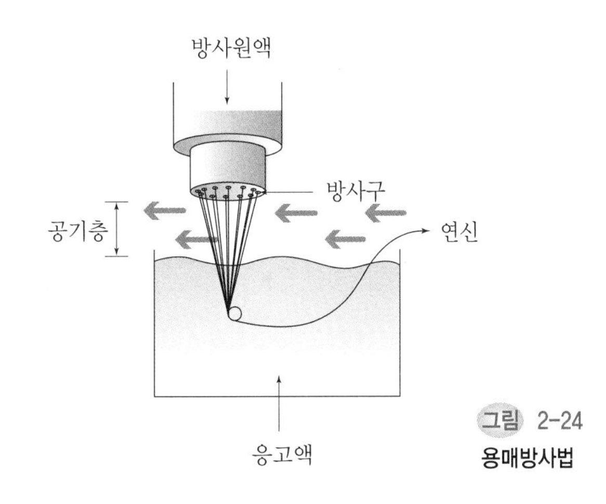

그림 2-24
용매방사법

(4) 기타 방사법

① 용매방사법

공기중에 방사원액을 사출하고 응고액에서 방사원액의 용매를 씻어내는 방법으로, 리오셀은 이 용매방사법에 의해 만들어지고 있다.

② 전기방사법

전기 자장을 이용한 방사법으로 나노 섬유의 방사에 이용되고 있다.

③ 에멀션방사법

용융점이 높고 용제에 용해되지 않는 섬유의 방사에 이용되고 있으며, 테플론이 이 방법에 의해 만들어지고 있다.

2) 재생섬유

섬유의 길이가 너무 짧아서 직접 실을 뽑을 수 없는 섬유원료로 만든 것이다. 레이온과 아세테이트는 같은 원료로 만들어지지만, 만드는 방법에 차이가 있어서 서로 다른 특성을 가지게 된다. 한때 우유나 콩에서 얻는 단백질로도 재생인조섬유가 만들어졌으나, 현재는 거의 이용되지 않는다.

(1) 레이온

목재 펄프나 면 린터를 원료로 하여 제조된 인조섬유로서, 레이온(rayon) 또는 인견이라 한다. 레이온 만드는 방법에는 비스코스 방법과 구리암모늄 방법이 있다.

① 비스코스 레이온

목재 펄프를 수산화나트륨과 이황화탄소로 처리하는 여러 과정을 통하여 비스코스라는 끈끈한 용액을 만들고, 이것을 습식방사법에 의해 섬유로 재생한 것이다. 일반적으로 널리 쓰이는 것이 비스코스 레이온이다.

• 형태 : 현미경으로 보면 단면은 심한 주름이 있으며, 측면은 이 주름에 의한 많은 선을 볼 수 있다.

• 성질 : 레이온의 강도는 1.7~2.3g/d로 약하며, 습윤 시에는 강도가 50% 정도 감소한다. 탄성이 좋지 않아 구김이 잘 생긴다. 흡습성이 상당히 좋은 편이다.

내산성, 내알칼리성이 모두 면이나 마 등 셀룰로스 섬유와 비슷하나 조금 약하다. 면섬유에 비해서 일광에는 약하다. 내충성과 내균성을 보면 레이온은 반대좀에 의해 침식되며, 습도와 온도가 높은 데서는 곰팡이에 침해되는 경우가 있다.

• 용도와 손질 : 레이온은 표면이 매끄럽고 정전기가 잘 생기지 않아 옷의 안감으로 적당하며 광택이 좋아 커튼, 레이스 등에 사용된다.

레이온 스테이플은 여러 가지 합성섬유와 혼방함으로써 두 섬유의 장점을 살리고 단점을 상쇄하게 한다. 예를 들면 레이온과 폴리에스터의

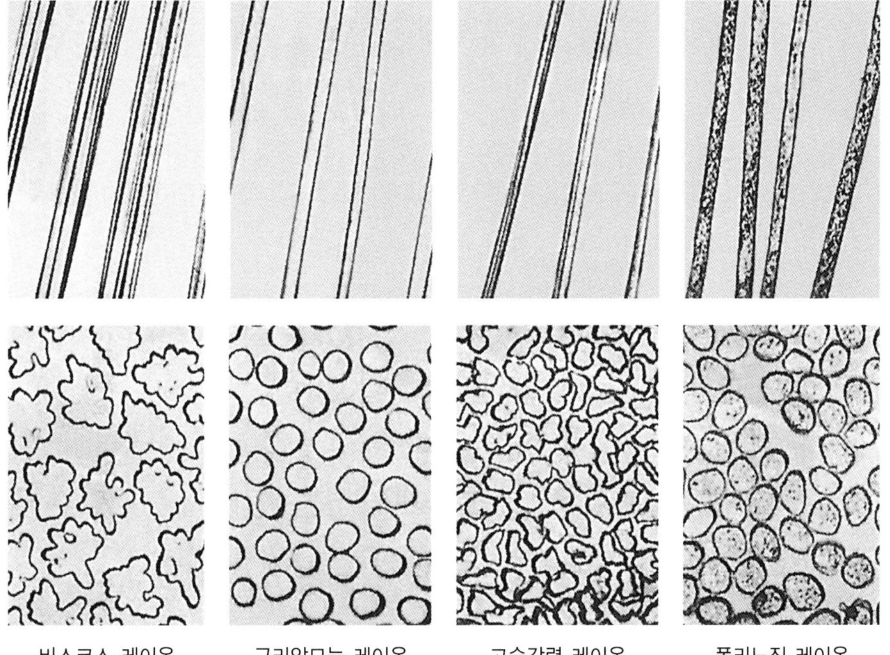

그림 2-25 각종 레이온의 현미경 사진(위 : 측면, 아래 : 단면)

혼방은 폴리에스터의 흡습성과 촉감을 크게 향상시킨다.

레이온은 강도가 크지 못하고, 특히 습윤강도가 나빠서, 물에 적시거나 자주 세탁하는 옷감으로는 적합하지 못하다.

② 그 밖의 레이온

- 구리암모늄 레이온 : 셀룰로스 원료를 수산화구리의 암모니아 용액에 용해하여 만들며 큐프라라고도 한다. 구리암모늄 레이온은 모든 성질이 비스코스 레이온과 비슷하나, 형태가 원형 단면으로 되어 있고 섬세하고 고운 특징을 가지고 있다.
- 고습강력 레이온 : 비스코스 레이온이나 구리암모늄 레이온은 물을 흡수하면 강도가 반으로 줄어들고 힘이 없어지는 등, 옷감으로서는 큰 단점을 갖고 있다. 고습강력 레이온은 비스코스 레이온의 제조방법을 개선하여 레이온의 단점을 보완한 것으로, 습윤강도가 좋고 내알칼리성도 좋아 면섬유와 성질이 비슷하므로 면의 대용으로 사용된다. 고습강력 레이온에는 폴리노직 레이온과 모달 등이 널리 알려져 있다.
- 리오셀 : 레이온과 리오셀 섬유의 원료는 같은 목재 펄프이지만, 레이온은 화학적 공정을 거쳐 만들어지며 리오셀 섬유는 물리적 방법으로 셀룰로스를 용해시켜 방사하는 방법으로 만들어지고 있다. 제조과정에서 환경을 오염시키는 유독물질을 배출하지 않으며 합성섬유와 달리 100% 생분해가 가능하고 면의 흡습성, 폴리에스터의 내구성 등 여러 섬유의 장점을 갖춘 섬유로 알려져 있다. 또한 리오셀 섬유로 만든 옷감은 레이온보다 물세탁에 안정하며 수축이 적고, 특히 젖었을 때 면보다 강하다.

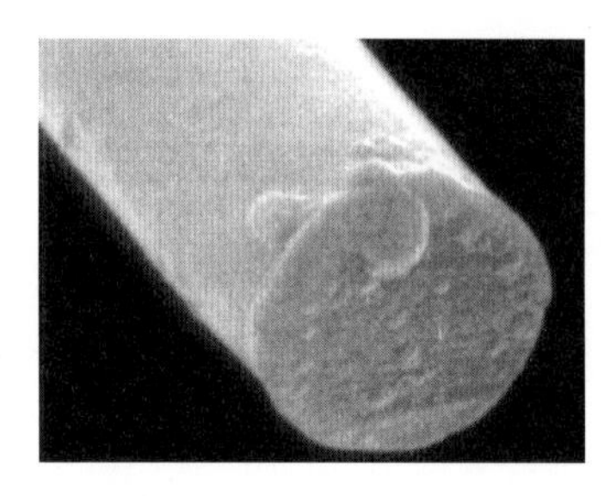

그림 2-26 리오셀의 현미경 사진

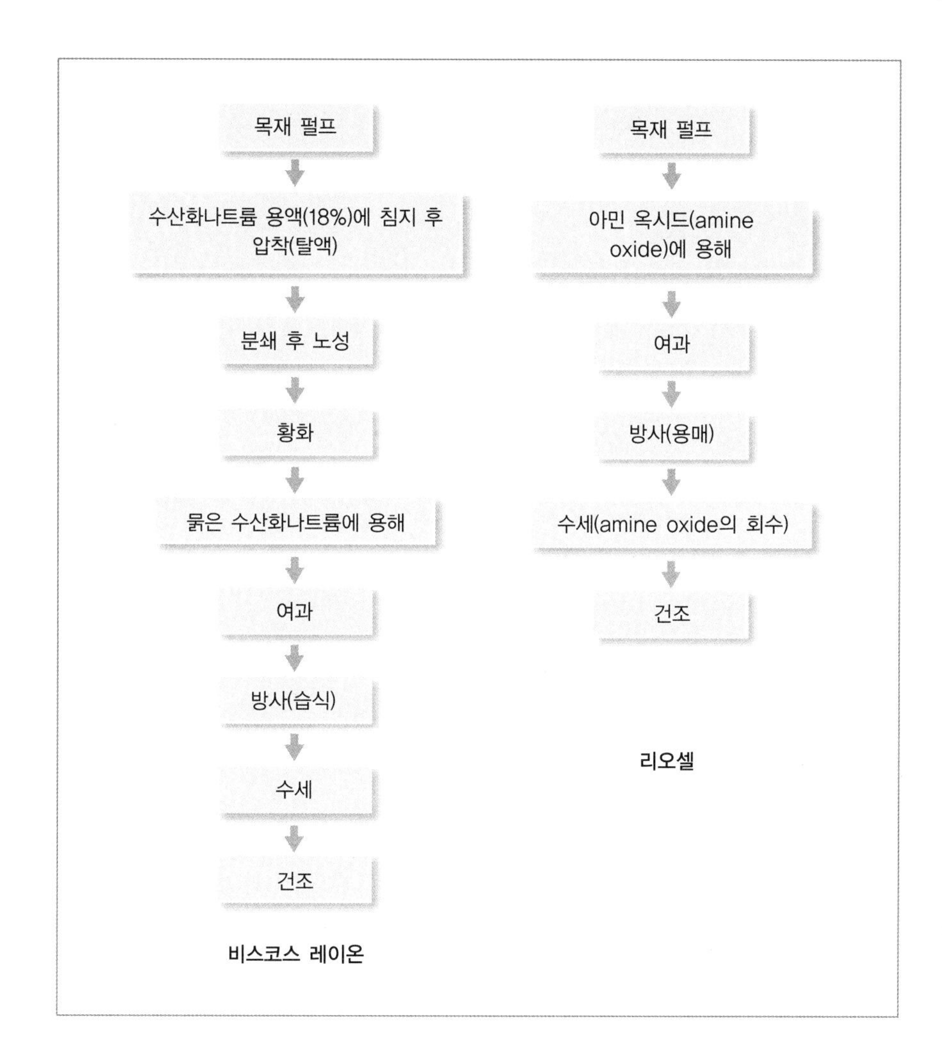

그림 2-27 비스코스 레이온과 리오셀의 제조공정

(2) 아세테이트

셀룰로스 섬유를 무수아세트산과 아세트산의 혼합액에 용해시키면 아세트산 셀룰로스가 만들어진다. 이러한 아세트산 셀룰로스를 아세톤에 용해시켜 건식방사하여 만든 섬유가 아세테이트이다.

아세트산 셀룰로스가 아세트화된 정도에 따라 디아세테이트와 트리아세테이트로 구분하지만, 보통 디아세테이트를 아세테이트라고 한다.

① 형 태

현미경으로 보면 단면은 클로버잎과 비슷한 모양이며, 측면에는 비스코스 레이온과 같은 줄이 보이나, 레이온과 같이 많지는 않다.

② 성 질

아세테이트의 강도는 1.2~1.4g/d로 약한 편이며, 습윤 시에는 강도가 약 30~40% 감소한다. 탄성은 우수한 편이며 표준수분율은 6.5%로서 흡습성은 보통이다.

산에 약해서 쉽게 손상되고, 알칼리에 의해 아세테이트의 광택, 촉감 등이 변화한다. 석유 계통의 용매에 대해서는 안정하지만 아세톤, 클로로포름에는 용해된다. 아세테이트의 내일광성은 견이나 나일론보다 훨씬 좋아서 면과 같은 정도이다. 아세테이트는 해충이나 곰팡이의 침식을 받는 일이 없다. 트리아세테이트는 아세테이트에 비해 흡습성이 적고(3.5%), 내열성이 좋다.

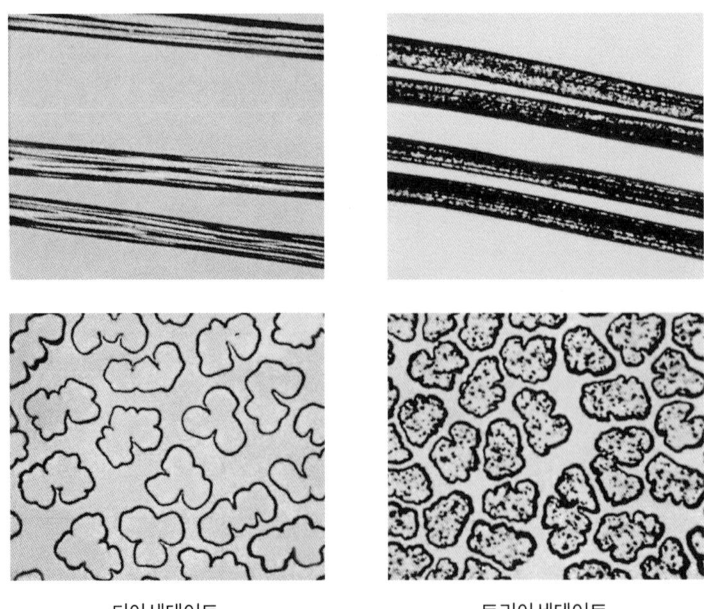

디아세테이트 트리아세테이트

그림 2-28 아세테이트의 현미경 사진

③ 용도와 손질

아세테이트는 광택이 견과 같이 아름답고 부드러우며 드레이프성이 좋아서, 여성의 드레스, 넥타이, 스카프 등에 많이 사용되며 표면이 매끄러워 안감 등에도 이용된다.

세탁은 드라이클리닝이 안전하고, 물세탁을 할 때에는 반드시 중성세제를 써야 한다. 특히 아세테이트는 열에 약하므로 다림질할 때에는 특히 주의해야 한다.

아세테이트의 안전 다리미 온도는 130℃이고, 트리아세테이트의 안전 다리미 온도는 200℃이다. 트리아세테이트는 열가소성이 좋아서 열고정가공이 가능하며, 물세탁을 해도 형체가 변하지 않는다.

3) 합성섬유

인조섬유 중에서 고분자 합성을 통하여 만든 섬유를 합성섬유라 한다. 한편, 종래의 합성섬유 중합체에 고수축성을 부여하거나 미세무기물을 혼합하여 극세사 또는 이형단면을 가진 섬유로 방사하고 특수가공을 통하여 고기능을 나타내도록 만든 섬유를 신합섬이라고 한다.

(1) 폴리에스터

영국에서 개발되어 테릴렌(Terylene)이라는 이름이 붙여졌으나, 오늘날에는 폴리에스터라는 일반명이 널리 사용되고 있다.

① 형 태

폴리에스터 섬유를 현미경으로 보면 일반적으로 단면이 거의 완전한 원형이며, 여러 가지 이형단면으로 생산되기도 한다.

② 성 질

폴리에스터의 강도는 4.3~5.5g/d로 강하며, 습윤해도 강도의 변화가 없다. 탄성이 매우 우수하며 구김이 거의 생기지 않는다. 표준수분율은 0.4%

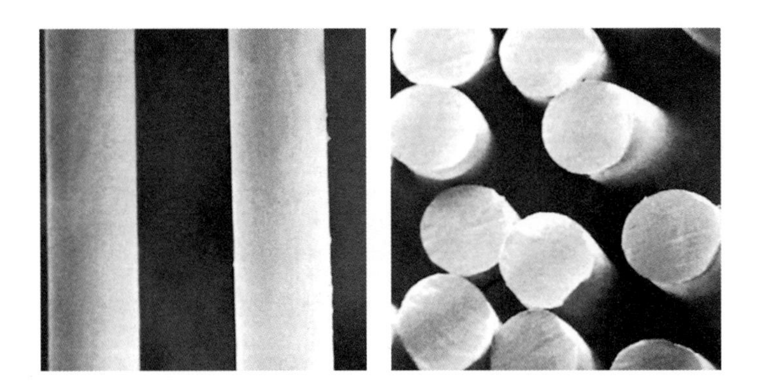

그림 2-29 폴리에스터의 현미경 사진

로서 흡습성이 매우 낮다.

내약품성이 좋아서 산이나 알칼리에 별로 손상을 받지 않으며, 여러 가지 표백제에 대해서도 안정하다. 내일광성은 아크릴 섬유 다음으로 좋다. 특히, 유리를 통과한 일광에는 거의 손상되지 않고, 해충과 곰팡이의 침식을 전혀 받지 않는다.

③ 용도와 손질

구김이 잘 가지 않으며, 열고정가공한 옷은 세탁 후에도 다리지 않고 입을 수 있어 겉옷감으로 널리 사용되며, 편성물로도 많이 사용된다. 폴리에스터 스테이플은 면, 양모, 레이온 등과의 혼방에 많이 사용되는데, 혼방에 의해서 옷감의 강도와 내추성 등을 크게 향상시킨다. 알칼리감량가공(4장 181쪽 참조)한 폴리에스터 직물을 시중에서는 '물실크' 라고 부르기도 한다. 현재 의복에 가장 많이 사용되는 합성섬유이다.

④ 기타 폴리에스터 섬유

PET(polyethylene terephthalate)와 같이 에스터 결합에 의해 고분자를 이루는 다음의 섬유들은 분자 구조 내의 $-CH_2-$의 개수에 따라 성질도 약간 다르며 따라서 용도에서도 차이가 있다.

PTT(polytrimethylene terephthalate) 섬유는 나일론과 같은 부드러운 촉감과 더불어 낮은 탄성률로 인해 드레이프성이 있으며 나일론이나 폴리에

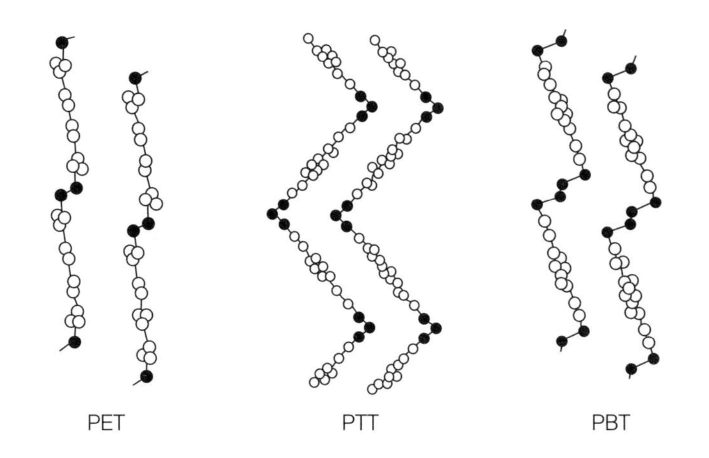

그림 2-30 PET, PTT, PBT 분자쇄의 결정구조

스터에 비해 신축성이 월등해 고가의 스판덱스사를 사용한 원단과 같은 뛰어난 신축성을 지니고 있어 그 용도에 있어서 수영복, 스포츠웨어뿐만 아니라 여성 의류소재로 적합한 것으로 알려져 있다.

PTT의 가장 큰 특징은 축합중합으로 합성된 고분자로서 같은 벤젠링 폴리에스터 계열인 PET나 PBT(polytetramethylene terephthalate)와는 달리 디올(diol) 부분의 탄소수가 3개로 홀수이며, 그 분자구조적 특성에 의해 PET나 PBT와는 달리 굽어져 있다. PET 분자쇄는 완전히 펼쳐진 분자쇄 구조(fully extended chain)를 갖는 반면, PTT는 펼쳐진 지그재그(extended zigzag shape) 구조를 갖는다.

PBT 섬유는 신축성, 탄성회복성, 염색성 등이 PET보다 우수하지만 PPT보다는 떨어지는 섬유이다. 스타킹, 양말, 스포츠웨어, 카펫 등에 쓰이고 있다.

(2) 나일론

폴리아마이드계 합성섬유를 일반적으로 나일론이라고 한다. 나일론에는 여러 종류가 있으나, 널리 사용되는 것에는 나일론 6와 나일론 66의 두 가지가 있다. 이 두 나일론의 성질은 내열성 외에 의복재료로서는 별 차이가 없으므로 구별하지 않고 나일론으로 통용되고 있다.

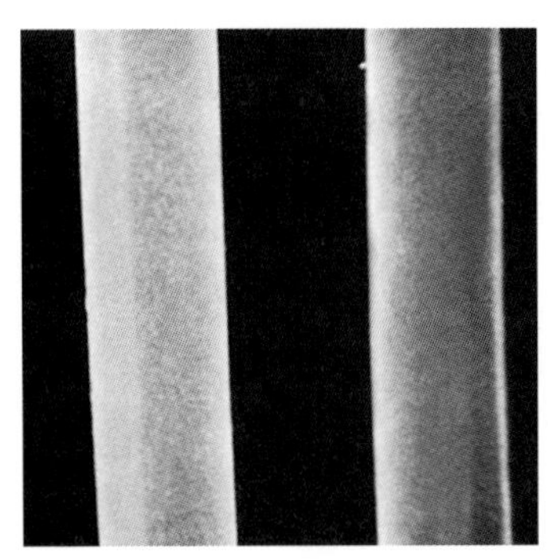

그림 2-31
나일론의 현미경 사진

① 형 태

보통 나일론을 현미경으로 보면 단면은 원형이며, 측면은 유리막대처럼 보인다. 그러나 나일론 섬유 중에는 이형단면, 특히 삼각단면을 가진 나일론이 있다.

② 성 질

나일론의 강도는 4.8~6.4g/d로서 섬유 중에서 강한 편이며, 습윤 시에는 강도가 약간 감소한다. 신도도 매우 크며 질긴 섬유이다. 표준수분율은 4%이다.

산에 약하고 약한 알칼리에는 크게 손상되지 않으나, 알칼리 세제는 나일론 황변의 원인으로 알려져 있다. 나일론의 내열성은 좋은 편이 아니므로 다림질할 때 조심해야 한다. 안전 다리미 온도는 나일론 6이 150℃이고, 나일

| 나일론 섬유명의 숫자 |

나일론 6, 나일론 66, 또는 나일론 11 등 나일론 섬유의 이름에는 숫자가 붙어 있다. 이들 숫자는 나일론 고분자를 이루는 단량체에 들어 있는 탄소원자의 숫자를 뜻하는 것으로 (186쪽 부록 2. 섬유의 화학적 조성 참조), 같은 아미드 결합으로 구성된 고분자이지만 탄소수에 따라 이화학적 성질이 유사하면서도 차이가 있어 용도도 다양하다. 예를 들어 나일론 6, 66는 의류소재에 많이 쓰이고, 나일론 610은 솔이나 카펫에 주로 사용되고 있다.

론 66은 170℃이다. 나일론은 내일광성이 아주 나빠서 직사일광을 쬐면 강도가 급속히 감소되지만 해충이나 곰팡이의 침해를 받지 않는다.

③ 용도와 손질

나일론은 강도와 신도가 커서 스포츠웨어, 양말, 스타킹, 란제리에 많이 이용된다. 초기탄성률이 너무 작아서 힘이 없는 직물이 되므로 일반 의류용 옷감으로는 적합하지 못하다.

나일론은 흡습성이 적어서 내의로서는 적당하지 않으며 정전기가 생기고

| 아라미드 섬유 |

아라미드(aramid) 섬유는 아로마틱 폴리아미드 섬유의 총칭으로, 1971년 듀폰사에 의해 처음으로 고분자량의 poly PPTA(p-phenylene terephthal-amide)를 케블라라는 상품명으로 생산하기 시작하였다. 아라미드 섬유는 황산용액 하에서 습윤방사하여 고결정성 섬유를 얻게 되는데 후처리 과정을 달리해줌으로써 케블라 29, 49 등과 같은 여러 가지 다른 성질의 케블라 섬유를 얻게 된다.

아라미드 섬유가 고강력성, 내부식성, 방염성, 절연성 등의 장점을 갖고 있음에도 불구하고 널리 사용되지 못하는 이유는 저압축강력(低壓縮強力), 저습윤성(低濕潤性), 높은 가격 등의 원인 때문이다.

아라미드 섬유는 크게 자동차, 복합재료 구조물, 항공기 등 세 분야에서 널리 사용되고 있다.

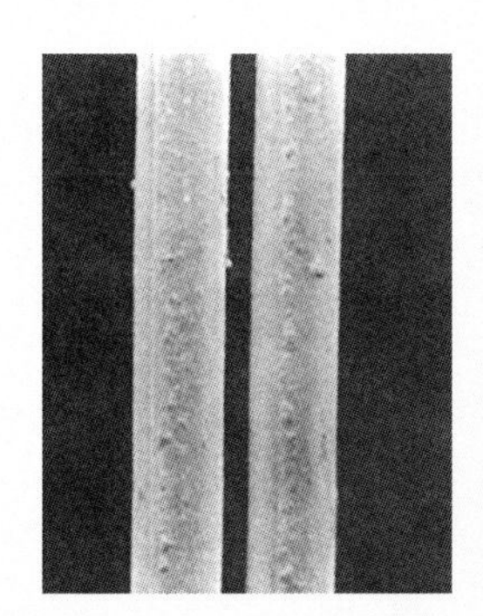

아라미드 섬유의 측면과 단면

필링이 잘 생기는 등의 단점이 있다. 그러나 마찰강도가 크고 구김이 덜 생기며, 세탁과 건조가 쉽고 열가소성이 좋아 열고정가공이 가능하다는 점 등 의생활에 혁명을 가져오게 한 최초의 합성섬유이다.

실내장식, 특히 카펫에 많이 사용되나, 햇빛에 약하므로 커튼으로는 적당하지 않다. 백색 나일론은 사용 중에 황변하므로 이를 방지하기 위해서는 세탁할 때에 중성세제를 사용하고 그늘에서 말리는 것이 좋다.

(3) 스판덱스

스판덱스(spandex)의 화학적 조성은 폴리우레탄으로 되어 있으며, 신축성이 고무와 같이 커서 고무의 대용으로 널리 이용되고 있다. 천연고무와 달리 염색이 되는 등 많은 장점을 가지고 있다.

① 성 질

스판덱스는 신도가 큰 것이 가장 큰 특징이다. 표 2-2는 고무와 스판덱스의 몇 가지 성질을 비교하여 나타낸 것이다.

② 용도와 손질

스판덱스는 필라멘트를 면이나 나일론사로 둘러 피복사의 형태로 파운데이션, 양말 등의 신축성을 증가시키기 위해 사용된다.

산에는 안전하나 뜨거운 알칼리 용액에 의해 섬유가 쉽게 손상되므로 세탁할 때 주의하여야 한다.

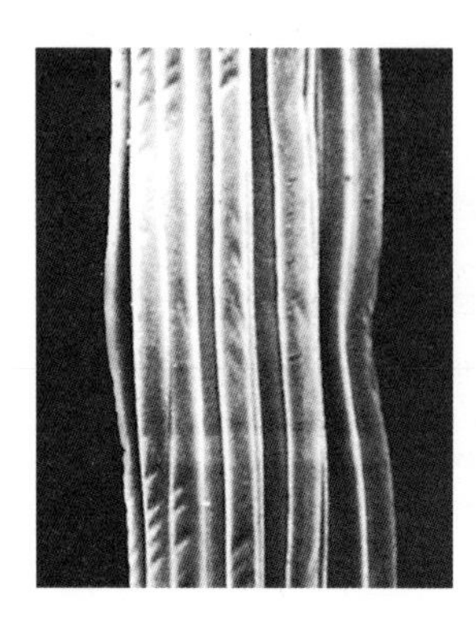
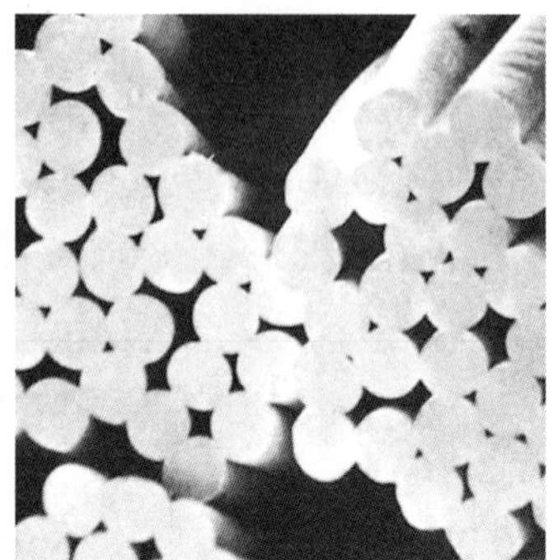

그림 2-32 스판덱스의 현미경 사진

표 2-2 스판덱스와 고무의 성질

성 질	고 무	스판덱스
강도(g/d)	0.15~0.25	0.65~0.70
신도(%)	770~800	550~700
초기탄성률(g/d)	0.01	0.03
탄성회복률(%)*	95	91~93
비중(%)	1.0 내외	1.0~1.4
최소섬도(데니어)	100	20
염색성	가	우
내유성	가	우
내광성(%)**	2.5	100
내열성(%)***	7	87

* 100%, 24시간 신장, 외력 제거 10분 후
** 페이드오메타에서 40시간 조사 후 강도보존율
*** 120°C에서 24시간 처리 후 강도보존율

(4) 아크릴

아크릴섬유는 아크릴로니트릴로부터 합성한 섬유이다. 보통 아크릴섬유는 아크릴로니트릴을 85% 이상 사용하고, 나머지 15%는 다른 원료를 사용한다. 이 나머지 원료의 종류와 양에 따라 얻어지는 섬유의 성질에 약간의 차이가 있으므로 아크릴섬유는 제조회사에 따라 다르다. 또, 같은 제조회사의 것이라도 제품에 따라 성질에 차이가 있다.

① 형 태

우리나라에서 생산되는 아크릴은 모두 원형 단면을 가지고 있으나(그림 2-33), 외국에서 생산되는 아크릴은 섬유의 종류에 따라서는 독특한 단면 구조를 가진 것도 있다.

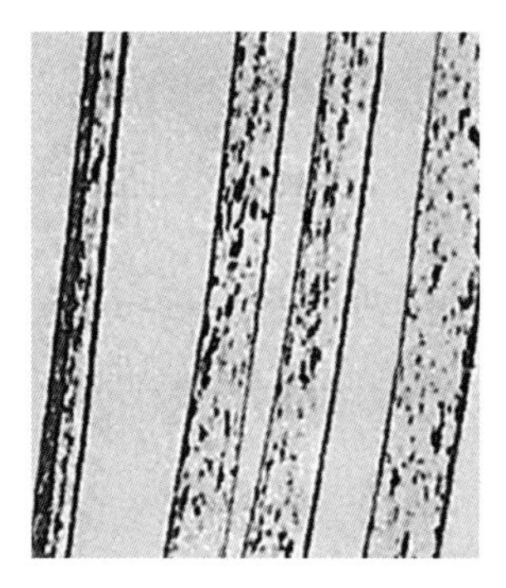
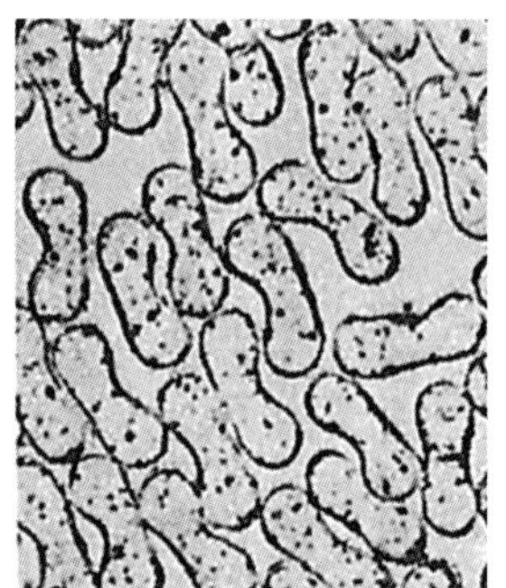

그림 2-33
아크릴섬유의
현미경 사진

② 성 질

아크릴의 강도는 2.2~3.2g/d로 보통이며 습윤되면 강도가 20% 정도 감소한다. 탄성회복률이 커서 구김이 잘 가지 않으며, 표준수분율은 1.0~2.5% 정도이다. 내약품성도 매우 좋아서, 특별히 강한 산이나 알칼리가 아니라면 별로 손상되지 않는다. 내일광성이 가장 좋은 섬유로서, 장시간 직사일광에 노출되어도 강도에 큰 변화가 없다.

③ 용도와 손질

아크릴섬유는 가볍고 촉감이 부드러우며, 보온성과 탄성이 좋아서 양모의 대용으로 널리 사용된다. 특히, 벌크(bulk) 가공된 아크릴섬유는 스웨터, 내의, 모포 및 인조모피 등에 적합한 섬유로 인정되고 있다. 내일광성이 좋아서 차양, 텐트, 커튼과 실내장식 등에 많이 사용될 뿐만 아니라 약품에도 강하므로 모든 세제와 표백제에 대하여 안정하다. 아크릴섬유는 대부분 다림질이 필요 없는 제품으로 만들어지지만, 열에 약하므로 주의해야 한다.

④ 모드아크릴섬유

아크릴섬유와 같이 주원료는 아크릴로니트릴이지만, 아크릴로니트릴의 함유량이 아크릴섬유보다 적어서 35~85%인 것을 모드아크릴섬유라고 한다. 미국의 다이넬, 일본의 카네카론이 우리나라에서는 잘 알려진 모드아크릴섬유이다.

모드아크릴섬유는 불에 잘 타지 않아 내연성을 필요로 하는 실내장식에

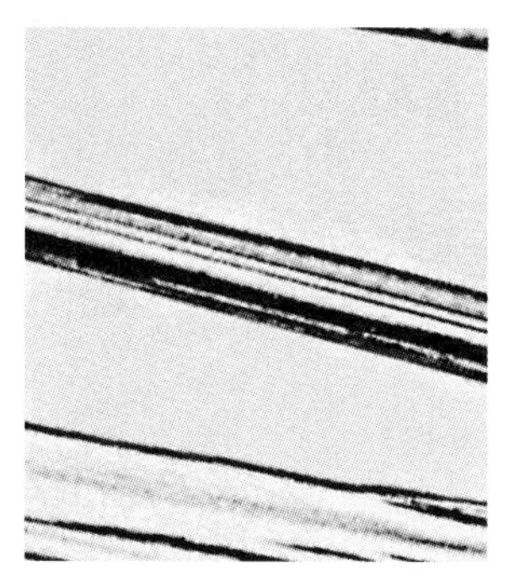
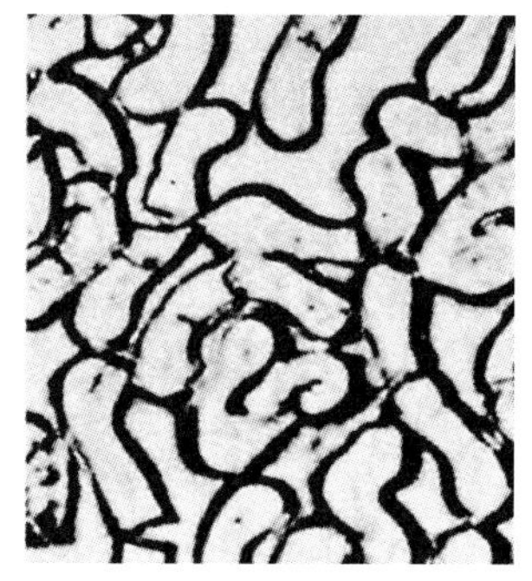

그림 2-34 모드아크릴섬유의 현미경 사진

쓰이고, 약품에 강하여 보호복 등에 사용되나, 열에 약하여 다림질이 불가능하므로 옷감으로는 부적당하다. 인조가발로도 이용되고 있다.

(5) 폴리프로필렌

폴리올레핀계에는 폴리프로필렌(PP) 섬유와 폴리에틸렌(PE) 섬유가 있다. PP 섬유가 PE 섬유보다 내열성이 좋고 의류에 더 많이 사용되고 있다.

① 형 태

섬유를 현미경으로 보면 단면이 원형을 이루고 있다.

② 성 질

강도는 4.5~7.5g/d 정도로 큰 편이고, 신도가 크며 탄성이 우수하다. 비중이 0.91로서 물보다 가벼운 섬유이며, 표준수분율은 0.01%로서 수분을 거의 흡수하지 않는다. 겉모양과 촉감이 미끈미끈한 느낌을 주지만, 내약품

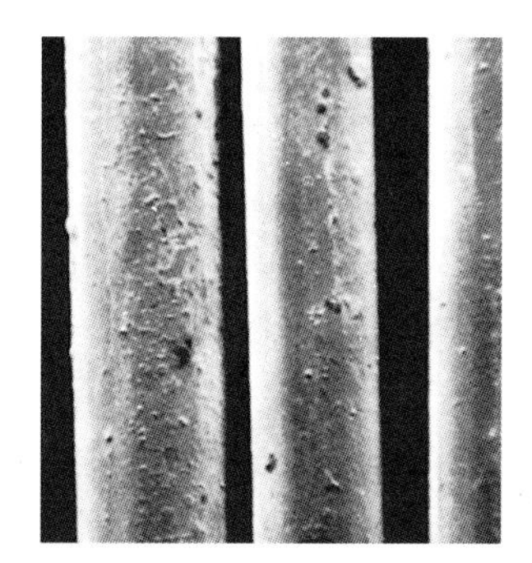

그림 2-35 폴리프로필렌의 현미경 사진

성이 우수한 섬유로서, 산과 알칼리, 표백제 등에 안전하다.

내일광성은 좋지 못하여 직사일광에 의해서 강도가 떨어지지만, 해충이나 곰팡이의 피해를 받지 않는다.

③ 용도와 손질

구김이 잘 가지 않으며 흡습성이 없고 내열성이 나쁘다. 그러므로 다림질이 필요하지 않은 편성물이나 매트, 부직포 등에 많이 이용되고 있다. 수분을 거의 흡수하지 않고 전달하여 촉촉한 느낌을 주지 않으므로 일회용 기저귀의 피부 접촉면에 사용되고 있다.

강도가 크고 가벼우며, 수분을 거의 흡수하지 않아서 로프 재료로서는 가장 우수하다. 또 내약품성이 좋아서 거의 산업용 섬유로 이용되고 있다.

(6) 폴리비닐알코올

비닐론으로 알려진 섬유로서, 일본에서 개발되어 일본을 비롯한 아시아 지역에서 많이 이용되고 있다.

고강도 폴리에틸렌 섬유

섬유강화 복합재료에 많이 쓰이고 있는 여러 가지의 고강도·고탄성섬유 중에 주목할 만한 섬유가 고강도 폴리에틸렌 섬유이다. 이 섬유는 유연한 사슬을 지니고 있는 폴리에틸렌 섬유를 한 방향으로 배향시켜 사슬을 펴줌으로써 고강도와 더불어 고탄성의 특성을 갖는 고성능섬유로, 충격 에너지 흡수성이 뛰어나기 때문에 방탄복, 헬멧, 조끼, 항공기 방탄재료 등에 쓰이고 있다. 그리고 비중이 다른 섬유들보다 월등히 가벼워 재료의 경량화가 요구되는 항공이나 군수산업에 이용되며, 물에 뜨는 성질을 이용하여 선박용 로프로 이용되기도 한다.

내약품성, 내후성 등도 우수하여 산이나 염기에 장시간 노출되어도 물성저하가 거의 없으며, 흡습률 또한 매우 낮기 때문에 해저 건축용 재료, 어망으로도 쓰이고 있다. 이 외에도 내부식성, 내마모성 및 진동에 견디는 힘이 우수하기 때문에 스포츠 용품이나 건축용 장비, 안테나용 도움 등 사용 분야가 점차로 확대되고 있다. 대표적인 섬유인 스펙트라는 미국 얼라이드 시그널사의 상품명이다.

① 성 질

강도는 3~4g/d이고 습윤 시에는 강도가 30% 정도 감소한다. 표준수분율은 5%이며, 내알칼리성이 좋은 섬유이다.

묽은 산에는 견디나 진한 산에는 용해되며, 내일광성은 비교적 좋은 편이다. 비닐론은 모든 표백제에 대해서 안전할 뿐만 아니라, 해충이나 곰팡이의 침해도 받지 않는다.

② 용도와 손질

강도가 크고, 특히 마찰강도가 좋아서 실용적인 섬유이지만, 탄성과 리질리언스가 좋지 못하다. 또 선명한 색상을 얻기 어려워 고급 의복재료로는 적당하지 않고 작업복, 아동복, 양말 등에 사용된다.

(7) 폴리염화비닐리덴

사란(saran)이라는 이름으로 알려진 섬유로서, 비중이 1.71로 너무 무겁고 열에 약하여, 보통 의복재료로서는 부적당하다. 그러나 햇빛에 강하고 불에 잘 타지 않으므로, 커튼을 비롯한 실내장식이나 농작물의 차양 등 옥외용 섬유로 적합하다.

(8) 무기섬유

① 유리섬유

인류는 3500년 전부터 유리를 용융시킨 후에 가늘게 뽑아내어 장식품 등을 만드는 데 사용하였다. 그러나 현재는 복합재료의 개발과 더불어, 생산되는 유리섬유의 대부분은 섬유강화 플라스틱 복합재료(FRP)의 보강섬유로 널리 사용되고 있다. 이는 유리섬유가 다른 섬유에 비해 인장강도가 매우 높고 화학적인 내구성과 열적 안정성이 우수한 장점을 갖고 있으면서도 가격이 비교적 안정하기 때문이다.

유리섬유는 의류 이외에 하수도관 등의 토목 관련 제품, 욕조, 변기, 정화조 등의 건축 관련 제품, 냉각탑, 환기통, 태양열 온수기 등에 응용되고 있으며, FRP 선박 및 해양 관련 제품, 자동차의 경량 부품, 철도차량, 전기 전자부품, 우주 항공기 및 스포츠 관련 도구 등에도 이용되고 있다.

산업과 기술의 발전과 더불어 특수한 기능을 가진 섬유가 요구되면서 조성을 변화시켜 각 용도에 맞춘 여러 가지 종류의 유리섬유가 개발되어 사용되고 있으며, 의류에 주로 사용되는 유리섬유로는 순도가 높고 매우 가늘게 뽑은 β-유리섬유가 있다.

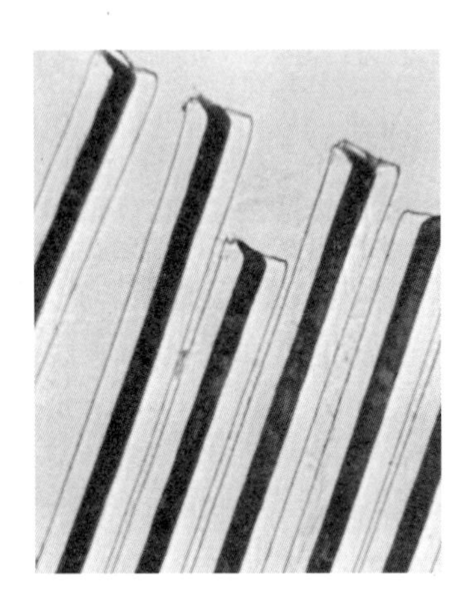

그림 2-36 금속사인 루렉스의 현미경 사진

② 금속섬유

역사는 상당히 오래 전부터 금, 은 등을 사용한 금속사가 장식용으로 사용되어 왔다. 현재 사용되고 있는 금속박사(金屬箔絲)는 알루미늄박에 폴리에스터나 초산 부틸 셀룰로스의 필름을 입히고 적당한 너비로 쪼갠 것이다. 여러 가지 색상으로 제조가 가능하며 금박사나 은박사와 같은 효과를 낸다.

순금속으로 된 금속섬유로는 스테인리스강섬유가 있다. 스테인리스강은 크롬과 니켈을 함유하는 강철로서 섬유 제조에는 크롬 16~20%, 니켈 6~10%을 함유하는 것을 사용한다. 매우 섬세한 것은 지름 8~12㎛ 정도까지 제조가 가능하며 유연성이 일반 섬유와 비슷하여 직물, 편성물 등에 활용할 수 있다.

③ 탄소섬유

레이온, 폴리아크릴로니트릴(PAN), 피치와 같은 유기 전구체 섬유(organic precursor fiber)를 불활성 분위기에서 열분해하여 만들기 때문에 섬유의 대부분이 탄소원자로 이루어져 있어 다른 섬유에 비하여 고온에서의 강도와 탄성률이 우수하다. 일반적으로 탄소섬유와 흑연섬유는 혼용되어 사용되지만, 열처리 정도와 탄소함유량에 있어서 기본적인 차이가 있다. 탄소섬유는 1,300℃ 정도에서 열처리되어 93~95%의 탄소를 함유하고 있

| 최근 개발된 특수용도의 섬유 |

다음은 1950년대 혹은 그 이전에 합성되었으나, 섬유의 특성을 활용한 용도 개발이 최근에 이루어져 시장에 나온 섬유들이다.

1. **노볼로이드(Novoloid)** : 가교된 노볼락(과량의 포름알데히드와 페놀이 반응하여 만들어지는 페놀포름알데히드 고분자)을 적어도 85%를 함유하고 있는 섬유로 현재 상품화되고 있는 것은 키놀(Kynol)으로서 아라미드섬유보다 높은 수분흡수율을 가지며 고온에 대한 저항성 등의 장점이 있으나 마모강도는 매우 나쁘다. 용도로는 비행기 내장재, 소방수복, 경주용 자동차 운전사복, 우주복 등에 이용되고 있다.
2. **설파 섬유(sulfar)** : 적어도 85% 이상의 설파이드 결합(-S-)이 두 방향족 고리에 직접 붙어 있는 장쇄 합성 폴리설파이드로부터 제조된 섬유. 강도가 크고 내열성과 내약품성이 우수하여 기체와 액체용 필터, 보호복, 전기절연체 및 고무제품의 보강재로 사용되고 있다.
3. **폴리벤즈이미다졸(polybenzimidazol, PBI)** : 내열성이 아주 우수하며 불꽃 하에서도 연기가 거의 나지 않으므로 보호복, 항공기와 병원용 가구의 직물에 이용되고 있다.
4. PBO(polyphenylene benzo-bisoxazole) : 내열성이 매우 우수하며 강도가 크고 치수 안정성이 좋으므로 소방수복, 경주용 자동차 운전사복 및 특수작업복에 이용되고 있다. 상품으로 질론(Zylon)이 있다.
5. **멜라민(melamine)** : 열에 의해 변형되지 않고, 화학약품에 안정하고 열전도도가 낮고 열수축에 안정하므로 보호복, 작업복, 항공기 내 의자, 가구용 직물에 사용하고 있다. 상품명으로 바조필(Basofil)이 있다.

PBI 섬유로 만든 소방복

6. **폴리이미드(polyimide)** : 내열성과 내약품성이 매우 우수하여 필터, 가스킷, 보호복에 사용되고 있다.
7. PLA(poly latic acid) : 옥수수, 사탕수수의 당에서 추출한 재생자원으로 생산에 에너지가 적게 들고 친환경적인 섬유로 알려져 있다. 의류 및 가구용 직물에 사용 가능하다.
8. **아즐론(Azlon)** : 우유, 땅콩, 옥수수, 콩의 단백질로부터 얻은 재생단백질 섬유로 실크와 유사하여 블라우스, 스카프, 넥타이 및 의약품의 필터에 이용되고 있다.

는 반면에, 흑연섬유는 1,900~2,500℃에서 열처리되어 99% 이상의 탄소를 함유하고 있다. 이렇게 제조된 탄소섬유는 복합재료 응용 시 계면접착력을 증진시키기 위하여 표면처리를 거치게 된다.

탄소섬유의 성질은 전구체의 종류, 표면처리, 섬유표면과 내부의 결합에 영향을 받는다. 탄소섬유는 고강도, 저중량, 화학적 불활성, 전기전도도, 피로저항, 자기윤활 등과 같은 우수한 특성을 가지고 있어 항공기, 스포츠 용품, 우주선 안테나, 원자핵산업, 악기, 음향기기, 인공관절, 심장판막, 섬유기계 등에 응용되고 있다.

④ 세라믹섬유

점토나 무기물을 여러 가지 열처리공정을 거쳐 섬유상으로 뽑은 것을 말하며 보론(boron) 화합물을 이용한 섬유와 금속산화물(metallic oxide)을 이용한 섬유, 질화물(nitrile)을 이용한 섬유, 실리콘 카바이드(SiC) 섬유 등이 있다.

보론섬유는 텅스텐 금속섬유(10㎛ 정도)와 염화 보론을 원료로 화학적 증착(chemical vapor deposition) 방법으로 제조한 약 100㎛ 정도의 지름을 갖는 섬유를 말한다. 이 섬유는 인장강도, 인장탄성률이 높고 녹는점이 높아서 섬유강화 복합재료의 보강재로 사용되고 있으며, 특히 항공용 재료 및 스포츠 용품(tennis racket, golf shaft) 등에도 이용되고 있다.

금속산화물을 이용한 세라믹섬유로는 산화알루미늄(Al_2O_3)을 이용한 섬유가 있다. 이 섬유는 단결정질의 연속섬유로 강도 및 탄성률이 높아 특히 내열성 섬유강화 복합재료에 널리 이용되고 있다.

질화물을 이용한 섬유로는 Si_3N_4 섬유가 있는데 단결정 상태로 되어 있어 휘스커(whisker) 형태로 제조된다. 이 섬유는 강도 및 탄성률이 우수한 내열성 재료로 응용되고 있다

실리콘카바이드섬유는 탄화규소섬유로서 인장강도가 높고 강탄성계수를 가지고 있으며 내열성이 우수하고 특히 산화성 분위기에서 사용이 가능하며 비중이 작고 전기적으로 안정하여 우주항공 섬유강화 복합재료에 많이 이용되고 있다.

실

1. 실의 제조
2. 실의 특성
3. 실의 종류

3 실

실(yarn 또는 thread)은 선상의 섬유소재로 한 올 또는 여러 올로 되어 있다. 한 올의 실은 섬유 또는 필라멘트의 집합체로 대부분 꼬임을 가지고 있다.

1. 실의 제조

실의 제조는 방적을 거치는 것과 견사, 인조섬유의 방사와 같이 섬유의 제조과정에서 직접 실이 만들어지는 것 등이 있다.

1) 방 적

스테이플섬유로부터 실을 제조하는 공정을 방적이라고 하며 섬유의 종류와 실의 용도 및 종류에 따라 공정과 기계의 구조에 다소의 차이가 있다. 방적이 가능한 스테이플섬유는 강도가 1g/d 이상, 섬유장이 1cm 이상이면서 섬유장/폭의 비율이 1,000 이상이고 굵기는 가늘어야 하며, 표면마찰계수가 커야 효과적으로 연신이 될 수 있고 권축이 있는 것이 방적에 매우 유리하다.

스테이플섬유로부터 실을 뽑는 기본원리는 다음의 세 가지 기본공정으로 이루어져 있다.

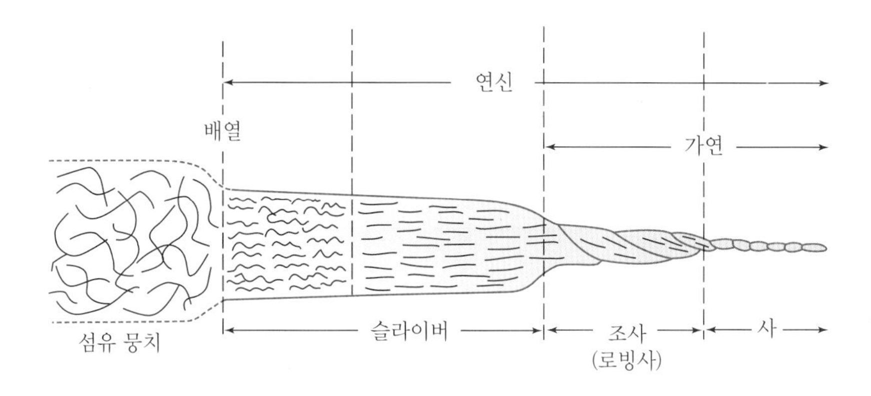

그림 3-1
방적의 기본원리

첫째, 섬유의 배열(配列, array, carding)로 서로 얽혀지고 뭉쳐 있는 섬유를 직선상으로 길게 놓이게 하여 서로 나란히 배열한다. 섬유를 빗질하는 것과 같은 공정이다.

둘째, 연신(延伸, draft, drawing)하여 평행하게 정리된 섬유로부터 실을 만들기 위해서는 섬유 뭉치를 뽑아 늘려서 가늘게 만든다. 이때 섬유 상호간의 잡아당김에 의해 섬유는 더욱 평행으로 잘 배열된다. 실제 공정에서는 카딩(carding, 소면)이 끝나면 섬유 뭉치가 굵은 로프와 같은 상태로 얻어지는데, 이것을 슬라이버(sliver)라고 한다.

셋째, 가연(加撚, twisting)으로 정돈된 슬라이버 상태의 섬유를 더욱 가늘게 뽑아서 실을 만들게 되는데, 이때 실에 꼬임을 준다. 꼬임은 실에서 섬유가 흐트러지는 것을 방지하여 실의 형태를 유지하고, 섬유 상호간의 마찰을 크게 하여 실이 일정 정도의 강도를 갖게 한다.

(1) 면 사

면사는 ① 개면과 혼면, ② 타면, ③ 소면, ④ 연조, ⑤ 정소면, ⑥ 조방, ⑦ 정방의 공정 순서로 제조된다.

개면과 혼면은 압축하여 운반되어 있는 섬유 뭉치를 풀면서 불순물을 제거하고, 원면을 혼합하는 과정이다. 타면은 섬유 뭉치를 잘게 부수면서 불순물을 제거한다. 소면은 섬유 풀어헤치기로 불순물을 제거하고 섬유를 정

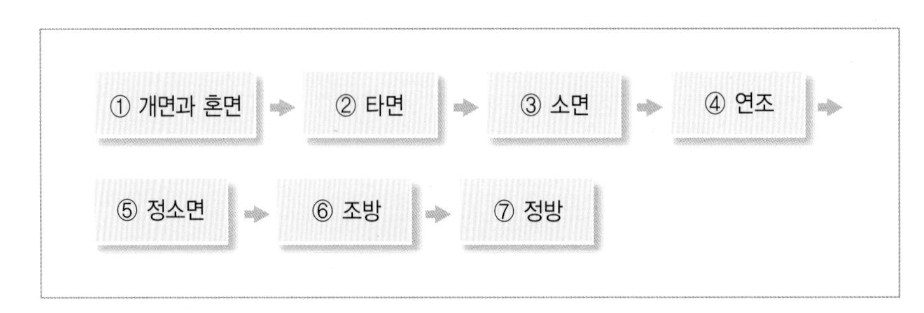

그림 3-2 면사의 제조공정

렬하며 웹(web)을 형성한다. 이러한 공정을 카딩(carding)이라고도 한다. 정소면은 짧은 섬유를 제거(전체 중량의 25%까지)하고 고급의 실을 만들기 위하여 불순물을 다시 제거한다. 연조(drafting)는 1~3회 여러 개의 슬라이버를 합쳐 늘려서 한 개의 슬라이버로 뽑는다. 조방은 연조하여 뽑은 실이 가늘기 때문에 최소한의 꼬임을 주는 공정으로 그 실을 조사 또는 로빙(roving)이라고 한다. 정방은 요구하는 굵기의 실이 되기까지 연조하는 공정으로 가연 · 권취한다.

정소면 공정을 거친 면사를 정소면사 또는 코머사(combed yarn)라고 하고, 이 공정을 거치지 않은 면사를 카드사(carded yarn)라고 한다.

(2) 모 사

모사는 ① 선모, ② 정련, ③ 카딩, ④ 길링, ⑤ 코밍, ⑥ 백워싱, ⑦ 전방, ⑧ 정방의 공정 순서로 제조된다.

선모는 양모의 플리스를 부위와 섬유의 길이, 색상에 따라 선별하는 것이다. 정련은 비누액을 사용하여 먼지와 그리스(grease)를 제거한다. 카딩은 엉켜 있는 섬유를 풀어 헤쳐 정렬하고 불순물을 제거한다. 길링은 섬유집합체인 슬라이버가 균일하도록 여러 개의 슬라이버를 합쳐 한 개의 슬라이버

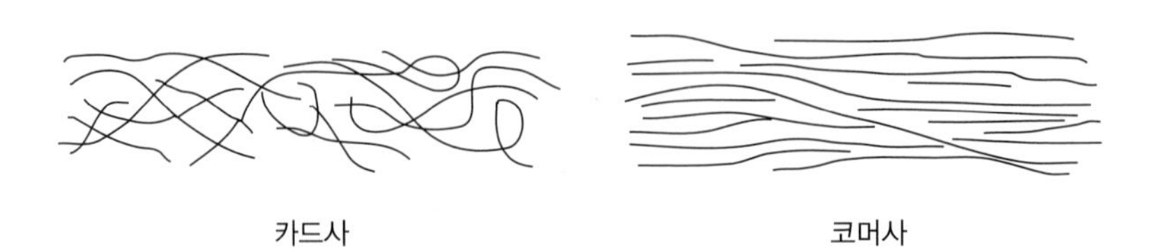

그림 3-3 정소면 공정을 거친 면사

그림 3-4
모사의 제조공정

를 형성한다. 코밍은 슬라이버를 다시 빗질하여 짧은 섬유(noil)를 제거하여 슬라이버의 균일성을 개선한다. 코밍이 끝난 슬라이버는 톱(top)이라고 부른다. 백워싱은 정련 후, 방적을 원활하게 하기 위하여 첨가한 기름과 방적 중에 들어간 불순물을 다시 세탁하는 공정이다. 전방은 톱을 드래프팅하고 가연하여 로빙 상태로 만든다. 정방은 원하는 굵기까지 드래프트하여 가연 · 권취한다.

모사는 크게 소모사, 방모사, 준소모사로 나누어진다.

소모사(worsted yarn)는 가늘고 길며 질이 좋은 양모를 사용하여 길링과 코밍을 반복하여 만드므로 특히 매끄럽고 균일하다.

방모사(woolen yarn)는 방적이 가능한 거의 모든 양모섬유(섬유장이 짧은 저질의 양모 또는 노일, 재생모 포함)를 원료로 길링과 코밍을 하지 않고 제조된 모사이다. 그러므로 방모사는 거칠고 잔털이 많으며 다듬어지지 않은 외양을 나타낸다.

준소모사(semi-worsted yarn)는 코밍을 제외하고 소모공정을 한 것이다. 준소모사는 방모사와 소모사의 중간적인 특성을 가진다. 준소모사는 대개 굵고 거친 양모섬유를 사용하지만, 길링을 하므로 균일하면서도 잔털이 있어 주로 편성물에 사용하고 있다.

(3) 견방적사

견방적사에는 샤페실크사(방적실크사)와 견노일사(부렛실크사)가 있다.

샤페실크사는 견의 제사과정에서 나온 부스러기로 만든 견방사이다. 질이 가장 좋은 부스러기를 선별, 수세, 정련한 후 코머사 공정으로 고급의 샤페 실크사를 만든다.

견노일사는 방적공정 중의 폐물이나 견직물 조각에서 회수한 섬유를 방적하여 비교적 굵고 거친 실을 콘덴서 시스템에서 만든다.

(4) 마 사

헤클아마 또는 대마는 스프레딩기에서 슬라이버를 형성한다. 그 후 여러 번의 더블링과 연조공정을 길박스에서 거쳐 균제도(均齊度)가 좋아진다. 로

|우리나라의 전통 모시실|

우리나라의 전통 옷감인 모시를 짜기 위하여 다음과 같은 순서로 모시굿을 만든다.

1. **모시풀 말리기** : 모시풀을 수확한 후 껍질을 벗겨 모시칼로 바깥층을 벗겨내고 속껍질을 물에 4~5번 적셔 햇볕에 말려서 물기와 불순물을 제거하여 태모시를 만든다.
2. **모시 째기** : 치아를 이용하여 태모시를 쪼개서 모시실의 굵기를 일정하게 하는 과정으로 모시의 품질을 좌우하는 과정이다.
3. **모시 삼기** : 모시 째기에서 만들어진 1~2m의 모시실을 한 뭉치 손에 쥐고 '쩐지'라는 버팀목에 걸어 놓고 한 올씩 빼어 두 올 실의 끝을 무릎 위에 맞이어 손바닥으로 가볍게 비벼 연결시키는 과정이다. 연결한 실을 둥글게 모아놓은 것을 모시굿이라고 한다.

모시 째기

모시 삼기

빙에 플라이어를 사용하여 약간의 꼬임을 주며 이 로빙은 습식 또는 건식의 정방기에서 실로 된다.

건식정방은 중급 또는 저급의 실을 만든다. 줄기에 있는 천연의 시멘트(접착) 물질에 의해 섬유가 뭉치게 되므로 건식 로빙을 드래프트하여 섬세한 실을 만드는 것이 가능하지 않다.

습식정방을 사용하면 고온의 물에 천연의 접착물질이 용해되어 로빙을 훨씬 가늘게 만들 수 있다.

(5) 인조섬유의 방적사

인조섬유도 단섬유 방적 시스템에 의해 방적될 수 있는데, 개섬과 정섬과정이 단섬유보다 훨씬 간단하다. 방사구로부터 나온 필라멘트 다발인 토우(tow)를 커터(cutter)를 사용하여 자르거나 잡아당겨서 끊어지게 하여 스테이플을 만든다. 잘려진 토우로부터 방적사를 만드는 대표적인 두 방법은 다음과 같다.

- **토우 투 톱 방식**(tow to top conversion) : 섬유의 정렬이 거의 그대로 유지되면서 연신공정에서 개선된다. 이렇게 만들어진 톱 또는 슬라이버는 다른 섬유와 혼합하거나 또는 단독으로 앞서 설명한 정방 시스템에 따라 실로 만들어진다.
- **토우 투 얀 방식**(tow to yarn conversion) : 필라멘트 토우가 절단된 후 직접 실을 방적하는 방법으로 이 시스템으로는 혼방사를 만들 수 없다.

2) 방 사

인조섬유의 방사공정에는 ① 섬유를 생산하는 고분자 물질의 액화, ② 방사구를 통한 방사액의 사출, ③ 사출된 필라멘트의 고형화의 세 단계를 거친다.

자세한 방사방법은 제2장 섬유 117쪽을 참조하도록 한다.

2. 실의 특성

실이 용도에 따라 적절하게 사용되기 위하여 갖추어야 할 주요 성질은 다음과 같다.

1) 실의 굵기

실의 굵기는 무게와 길이의 비례하는 관계를 기준하여 번수로 나타낸다. 실의 굵기에 따라 옷감의 외양과 성질은 달라진다.

표 3-1 사 번수 시스템(항중식 시스템 : 간접 시스템)

번수 시스템	표준 길이	단위 무게	사 번수 단위
면 번수	840yd	1lb	840yd/lb
미터 번수	1km	1kg	km/kg
소모사 번수	560yd	1lb	560yd/lb
아마사 번수(건식 또는 습식방적)	300yd	1lb	300yd/lb

표 3-2 사 번수 시스템(항장식 시스템 : 직접 시스템)

번수 시스템	표준 무게	단위 길이	사 번수 단위
황마, 대마, 아마(건식방적)	1lb	14,400yd	lb/14,400yd
데니어	1g	9km	g/9,000m
텍스	1g	1km	g/km

(1) 텍 스

위에 열거한 번수 시스템은 일부 섬유에만 사용되지만, 텍스(tex)만이 국제적으로 표준화(SI 단위)되어 있다.

텍스는 km 길이당 무게를 나타내며 실이 가늘수록 번호수가 작다.

1km의 실이 20g이면 20텍스이다.

$$\text{텍스} = \frac{\text{무게}(g)}{\text{길이}(km)}$$

(2) 데니어

데니어(denier, d)는 원래 견사의 굵기에 사용되었으나 지금은 모든 필라멘트사의 굵기에 사용하고 있다.

데니어는 실이 9km일 때의 무게 (g)이다. 20d는 9km의 실이 20g인 것을 뜻하며 실이 가늘수록 번호수도 작다.

$$\text{데니어} = 9 \times \frac{\text{무게}(g)}{\text{길이}(km)}$$

(3) 미터 번수

미터 번수(Nm)는 1g의 실이 가진 길이를 미터로 나타낸다.

$$\text{미터 번수} = \frac{\text{길이}(m)}{\text{무게}(g)}$$

Nm 40은 40m의 실이 1g의 무게이며 실이 가늘수록 번호수가 크다.

(4) 면 번수

영국식 면 번수(Ne_c)는 1파운드가 840야드인 헹크 수로 나타낸다.

$$\text{면 번수} = \frac{\text{길이}(hank)}{\text{무게}(pound)}$$

예로 1파운드의 실이 25,200(840×30)야드이면 30번수이다.

(5) 합사의 번수 표시

합사와 케이블사의 경우, 구성하고 있는 단사의 번수를 표시하고 곱하기 부호 다음에 단사의 올 수를 표시한다.

- 예 1 : Nm 60×2
- 예 2 : Nm 20×3×2

2) 실의 꼬임

실에 주어지는 꼬임의 방향과 꼬임수(꼬임의 정도)에 따라 여러 가지 실이 만들어진다.

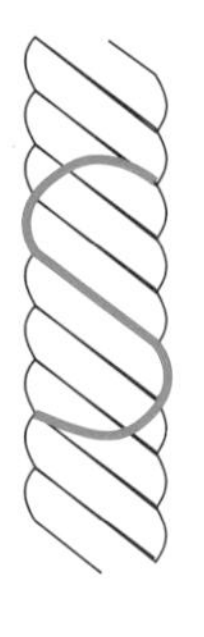

오른 꼬임(S 꼬임)

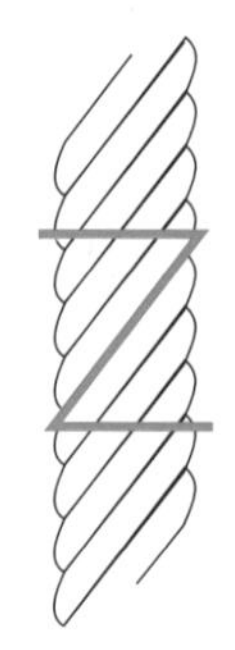

왼 꼬임(Z 꼬임)

그림 3-5 실의 꼬임 방향

(1) 꼬임의 방향

꼬임의 방향에는 오른 꼬임과 왼 꼬임이 있는데, 이것을 각각 S 꼬임과 Z 꼬임이라고 한다.

(2) 꼬임수

실에 주어지는 꼬임의 수에 따라 실의 성질이 달라진다. 일반적으로, 실의 꼬임이 많으면 강도가 크고 딱딱하며 까슬까슬한 실이 되고, 꼬임이 적으면 부드럽고 광택이 좋은 실이 된다. 그러나 꼬임이 너무 많으면 강도가 오히려 떨어진다.

단사 또는 합사의 꼬임은 꼬임을 주기 위해 단위길이당 가해진 회전수인 tpm(turns per meter) 또는 tpi(turns per inch)로 나타낸다.

직물을 짜는 데 쓰이는 실은 대체로 편성물에 사용되는 실보다 꼬임이 많은 것을 사용하고, 직물에 있어서도 경사는 위사보다 꼬임이 많은 실을 사용한다. 꼬임을 많이 준 실은 잔털이 적고 밀도가 높은 직물을 만드는 데 사용한다. 꼬임이 적은 실은 부피가 크며, 거칠고 두꺼운 직물을 만드는 데 이용한다.

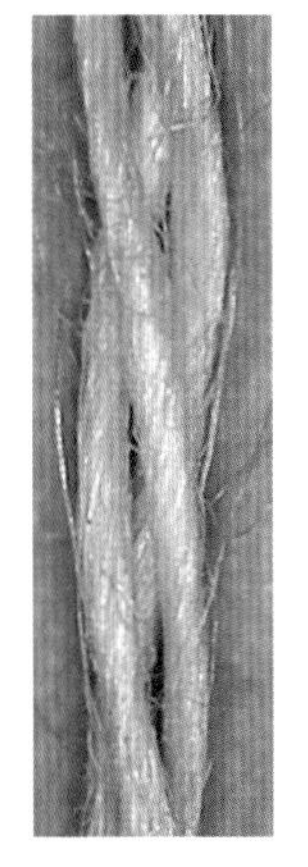

1~4 tpi

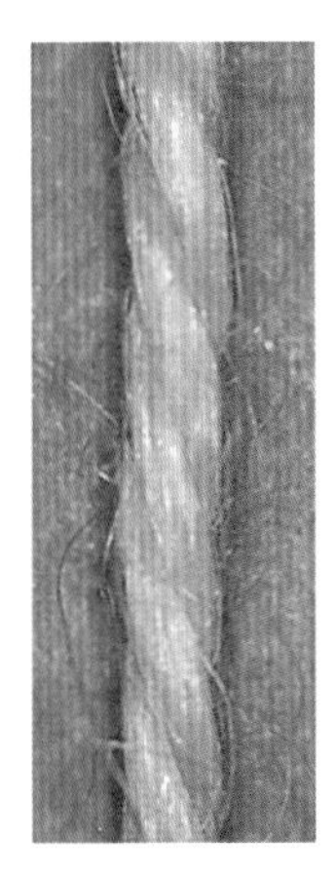

6~12 tpi

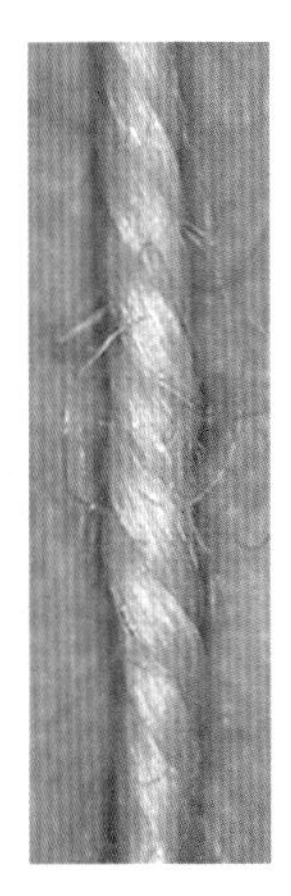

20~25 tpi

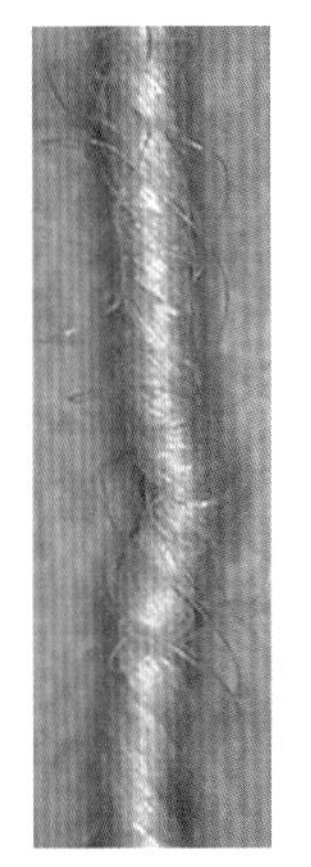

40~80 tpi

그림 3-6
꼬임수에 따른 실의 형태

3) 균제도

실의 균제도는 실의 굵기, 강도, 꼬임수, 색 등이 균일하게 나타나는 정도를 의미한다. 실의 굵기와 강도는 연조기의 통과횟수와 정소과정을 거쳤는지에 따라 좌우된다.

3. 실의 종류

실은 제조방법과 형태에 따라 크게 방적사와 필라멘트사로 나뉜다. 그러나 실의 종류는 분류 기준에 따라 여러 가지로 열거될 수 있다.

실의 용도와 특성을 고려하면 다음과 같은 종류가 있다.

1) 방적사

면과 양모는 섬유장이 짧으므로 방적공정에 의하여 실을 만들게 된다. 견방사, 마사, 인조섬유의 스테이플사도 방적사이다. 방적사는 필라멘트사보다 함기량이 커서 부드럽고 따뜻하며 위생적이어서 옷감에는 필라멘트사보다 많이 이용된다.

2) 단사와 합사

단사는 방적과정에서 만들어진 한 가닥의 실을 말하며, 견사나 필라멘트사 중에서 합사를 만들기 전의 원사를 말한다. 또, 섬유가 한 방향으로만 꼬임을 받아 실을 이룬 것으로 가장 단순한 실이다.

단사를 합쳐 꼬아서 합사를 만들 때에는 일반적으로 합사를 만드는 꼬임은 단사를 만드는 꼬임의 반대방향이다. 이때 단사의 꼬임을 하연이라고 하고, 합사의 꼬임을 상연이라고 한다.

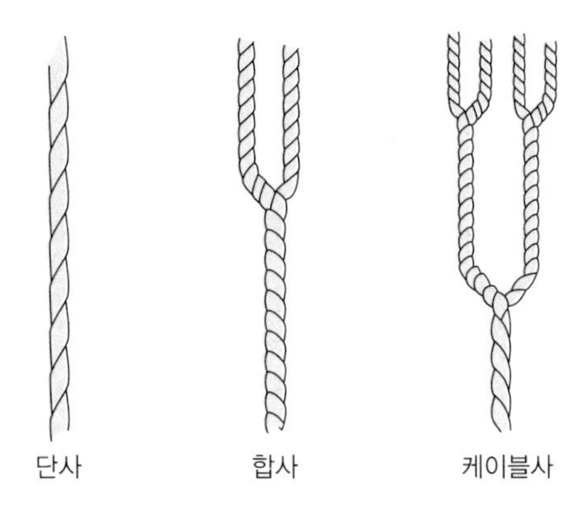

그림 3-7
단사와 합사

합사는 둘 또는 그 이상의 단사를 합하여 꼬아 만든다. 합사를 만드는 목적은 강도가 크고 굵기가 굵으며, 균제도가 고른 실 및 특수효과의 실을 얻는 데 있다. 케이블사는 2합 또는 그 이상의 합사를 2단계 이상의 합사공정에서 함께 꼬아 만든 실이다.

합사의 경우 단사의 번수를 표시하고 사선(/)을 그은 후 단사 올수를 표시한다.

3) 필라멘트사

(1) 보통 필라멘트사

연속적인 선상의 인조섬유로 한 가닥의 필라멘트사 또는 필라멘트의 다발로 꼬임이 있거나, 없는 멀티 필라멘트사로 되어 있다.

(2) 벌크사

보통 필라멘트사보다 피복성이 좋고 부피가 큰 필라멘트사로 텍스처링한 필라멘트사로 벌크 가공한 필라멘트 및 권축사로 된 실을 모두 뜻한다.

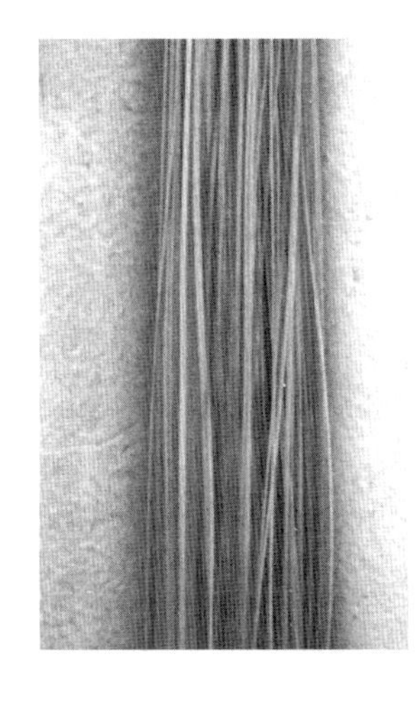

그림 3-8
멀티필라멘트사

4) 텍스처사

인조섬유인 필라멘트사를 여러 가지 기계적인 처리에 의해 루프 또는 권축을 만든 후에 열고정하여 다시 풀어 주면 실의 함기량이 커지고 필라멘트사의 단점을 개선한 실이 만들어지는데, 이를 텍스처사(textured yarn)라고 한다. 코일, 컬, 크림프, 루프 등의 영구적인 굴곡을 만드는 제조방법에 따라 텍스처사에는 부피가 증가하는 벌키성, 더 많은 공기를 함유하게 되므로

표 3-3 주요 텍스처링 방법

구 분	방 법
가연(假撚) 텍스처링 (false twist texturing)	가열 부분을 통과한 필라멘트사를 중간에서 꼬임을 준 후 냉각하고 꼬임을 풀며 연신한다. 열에 의해 필라멘트사가 연화되고 꼬임에 의해 형태의 변형이 생기며 냉각에 의해 이 변형이 고정된다. 매우 경제적이므로 가장 많이 사용되는 방법이다.
에어제트 텍스처링 (air-jet texturing)	필라멘트사가 제트기류에 의해 생긴 교란된 기류로 공급된다. 대개 냉기류를 사용하지만 고온기류 또는 증기를 사용하기도 한다. 에어제트는 필라멘트가 헝클어진 루프를 형성하게 한다. 이 방법으로 만든 텍스처사는 영구적인 권축과 루프를 가지며 입체감이 있다. 열가소성이 없는 필라멘트사에도 적용이 가능하다.
스터퍼복스 텍스처링 (stuffer box texturing)	필라멘트사를 가열 챔버에 넣고 압축한다. 지그재그 형태가 그 후의 냉각공정에서 영구적으로 남게 된다. 필라멘트사는 나란하게 정렬될 수 없으므로 실이 입체감이 있다.
니트드니트 텍스처링 (knit-deknit texturing)	환편기를 사용하여 필라멘트사로 튜브를 편성한다. 편성물을 열고정가공한 후 올을 풀어낸다. 편성 루프 형태가 필라멘트사에 고정되어 있으므로 부클레형의 외양을 나타낸다.

보온성, 공기투과도와 수분이동, 신도와 탄성의 증가가 나타나고 광택은 감소하며, 이로써 좀더 부드럽고 쾌적한 옷감의 제작이 가능하다. 표 3-3에 나타난 것 이외에 나이프에징(knife-edgeing)과 기어크림핑(gear crimping) 방법이 있으나 많이 사용되지 않고 있다.

텍스처사는 어떠한 텍스처링 방법을 사용하더라도 다음의 3가지 종류로 나누어진다.

(1) 스트레치사(stretch yarn)

크림프 신도가 150～300%인 고탄성사를 말한다.

(2) 루프사(loopy yarn)

에어 제트 텍스처링과 같은 방법으로 만든 루프가 불규칙적으로 형성된 필라멘트사를 말한다.

(3) 하이벌크사(high bulk yarn)

대개 고신축성과 저신축성이 잠재하는 아크릴 섬유를 혼방하여 만든다. 혼방 후 열처리를 하면 고신축섬유가 수축하고 저신축섬유를 구부러지게 한다. 유사한 효과를 준 것에는 이성분섬유가 있다.

텍스처사는 스타킹, 타이즈, 수영복, 스포츠웨어, 내의, 카펫, 신축성 있는 의류소재 및 오버록 봉제용 재봉사 등에 이용되고 있다.

5) 합성섬유사

(1) 무광택사

합성 필라멘트사의 광택을 감소시키기 위하여 TiO_2를 첨가한 정도에 따라 무광택사, 반광택사 및 광택사 등 세 종류의 필라멘트사가 있다. 광택사에는 TiO_2를 첨가하지 않는다.

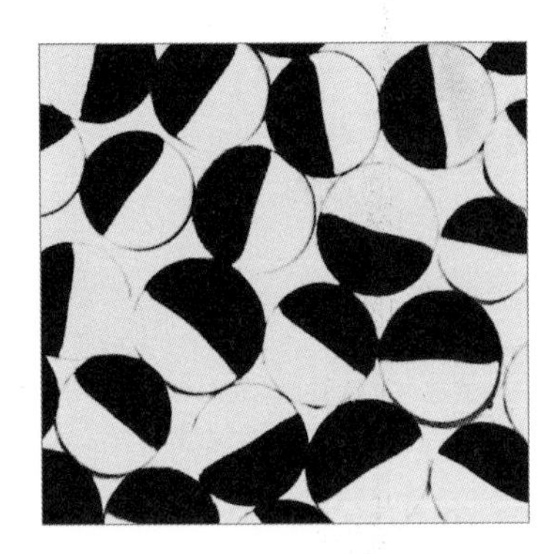

그림 3-9 복합섬유의 단면

(2) FDY, POY, DTY

연신의 정도에 따라 FDY(full drawn yarn)와 POY(poor oriented yarn)로 구분하며, DTY(draw textured yarn) 는 텍스처링할 때 연신을 동시에 행한 가공사이다.

(3) 복합섬유사

이성분섬유라고도 하며 외올의 필라멘트사에 성질이 다른 두 종류의 고분자를 축방향으로 나란히 접합한 섬유이다.

(4) 이형단면사

합성섬유에 새로운 특성을 부여하기 위하여 필라멘트사의 단면을 다양한 형태로 만든 것이다.

(5) 극세사

굵기가 1.0데니어 이하의 실을 극세사라고 하고, 이보다 더 가는 실을 초극세사라고 한다. 표 3-4는 굵기에 따른 폴리에스터사의 용도를 나타내고 있다. 일반적으로 극세사는 제직 후 처리에 의해 형성된다.

노즐 형상	○ ○○○ ○	○ ○	◠	◠	◠	◠	◠
방사 단면 형상	✚	❙	●	▲	✱	⊖	⊞

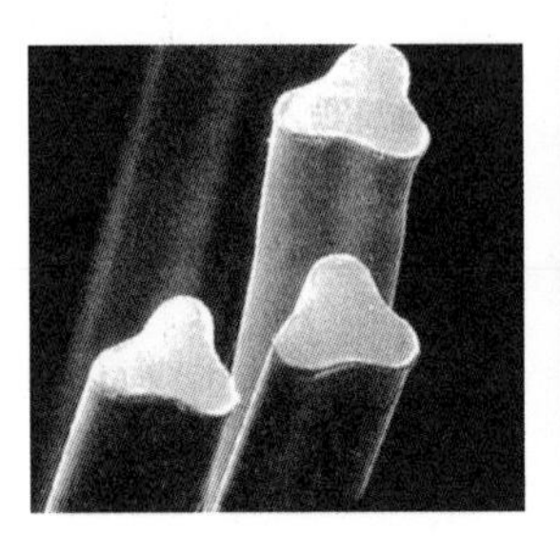
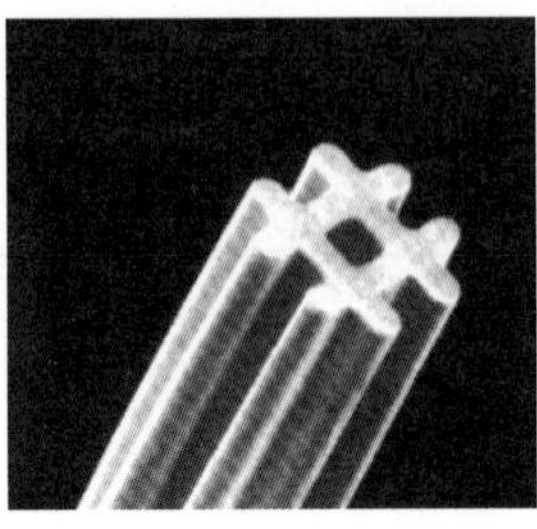
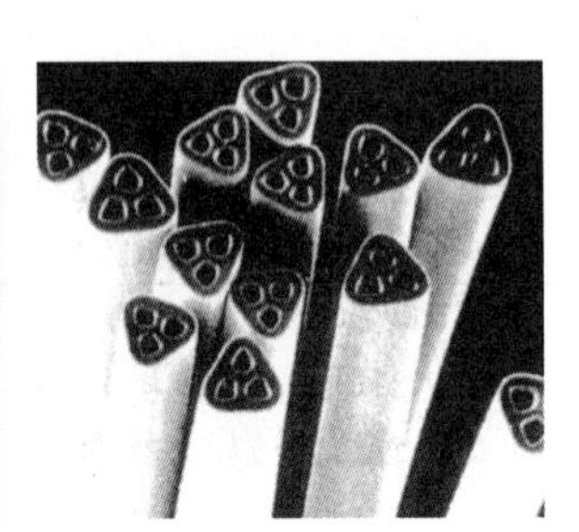

그림 3-10 방사구의 형태와 이형단면사

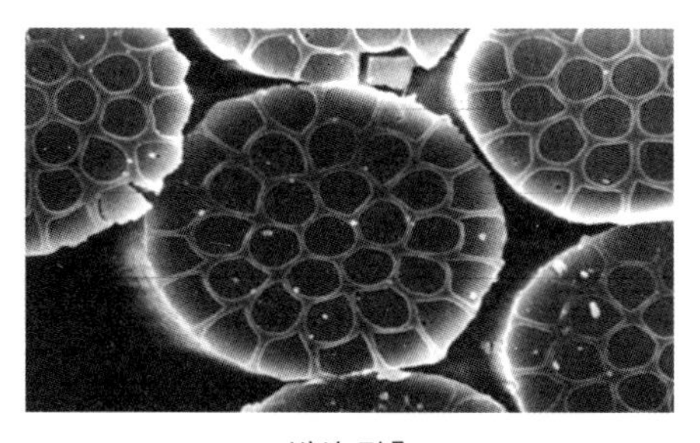
방사 직후

직조 후 가공처리한 직물

그림 3-11
극세사 직물

표 3-4 폴리에스터 섬유의 섬도와 용도

분 류	단사섬유(d)	지름이 원형일 때(μm)	용 도
보통사	1.5~6	12~25	보통 의류, 인테리어, 산업용 자재
극세사	0.6~1.5	8~12	부드러운 직물, 고밀도 편성물
초극세사	0.1~0.6	3~8	인공피혁, 와이핑클로스 등
극초극세사	0.1 미만	3 미만	의료용 재료 등

6) 심방적사와 커버사

심방적사는 그림 3-12와 같이 단일방적 공정에 의해 심 부분의 필라멘트사를 단섬유로 피복하여 만든다.

피복사는 그림 3-13과 같이 탄성사 또는 필라멘트사의 주위를 방적사, 또는 다른 종류의 필라멘트사로 감싸서 제조하며 1회 또는 2회 피복하여 만든다. 대개 필라멘트사를 중심에 두고 면사로 감싸거나 스판덱스와 같이 탄성이 좋은 중심사 중위를 방적사로 감싼다. 중심사로 필라멘트사를 사용하면

그림 3-12
심방적사

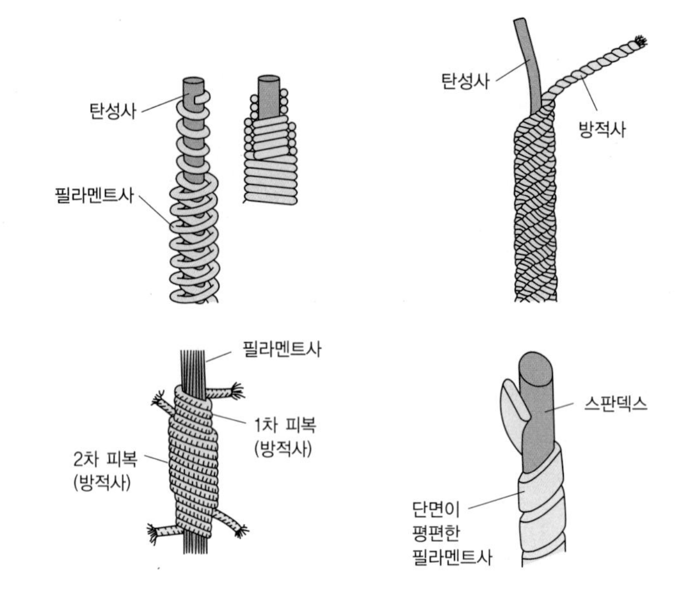

그림 3-13
커버사의 종류

바깥의 감싼 실은 약한 섬유로 된 실을 사용하여도 비교적 강한 실을 얻을 수 있다.

스판덱스사를 중심사로 하고 면사로 감싼 실을 이용하여 만든 의류는 면의 부드러움과 스판덱스의 신축성을 모두 갖추고 있다. 요즘 우리나라의 겨울철 스타킹은 대부분 스판덱스를 나일론으로 피복하여 만든 것이다. 심방적사 또는 피복사는 직물의 번아웃 효과에도 오랫동안 사용되어 왔다. 피복성분은 심 부분과 다른 섬유로 되어 있고 날염무늬에 따라 선택적으로 제거될 수 있다.

재봉사의 경우 합성섬유 필라멘트로 된 심 부분은 강도를 부여하고 피복부분의 섬유는 재봉바늘의 과열을 방지하고 고속 봉제 시에 발생하는 열에 의해 심 부분이 연화되거나 녹지 않도록 보호한다.

7) 장식사

장식사는 실의 굵기, 색상, 꼬임 등을 배합하여 외관에 변화를 주어 특수한 장식을 목적으로 하는 직물이나 편성물의 제조에 이용되는 실이다. 장식

그림 3-14
여러가지 장식사

사를 구성하는 방법에는 매듭을 만들어 주거나 나선상으로 다른 종류의 실을 감아주는 등 여러 가지가 있으며, 단사이든 합사이든 간에 실의 특수 형태에 따라 시각적 효과가 창출될 수 있다.

8) 재봉사

의류소재와 의복의 성능은 소재에 사용한 실의 성질이 크게 영향을 받는다. 재봉사는 일반적으로 2올 이상의 단사를 합하여 꼰 합연사가 쓰인다. 특히 3합사가 많이 쓰이는데, 이는 실의 단면 형태가 원형에 가까워서 가장 안정된 형태를 이루기 때문이다. 재봉사는 다음의 특성을 갖추어야 한다.

(1) 균제도

매끄러운(smooth) 옷감은 보통의 재봉사로 봉제해야 한다. 방적사의 경우, 더블링, 드래프팅을 하고 정소면 과정에서 짧은 섬유가 제거되어 균제도가 높다.

(2) 강도

실의 강도는 섬유의 질, 실의 균제도와 꼬임에 따른다. 합연을 하면 강도가 커진다.

(3) 꼬임 · 딱딱함

꼬임의 정도는 실의 딱딱함에 영향을 미치므로 이에 따라 옷감의 촉감과 외양에도 영향을 미친다.

(4) 신축성/탄성

신축성과 탄성은 실의 생산과 이용에 중요한 역할을 담당하고 있다. 주로 섬유의 종류와 방적방법에 따라 달라진다.

(5) 굵기 표시(품종번호)

방적사 재봉실이 번수인 품종 번호는 3합사를 표준구조로 하여 단사의 번수로서 나타낸다. 그러나 품종번호가 #20보다 굵은 경우에는 품종번호 N을 다음 식으로 나타낸다.

$$N = \frac{b \times 3}{a}$$

a: 합사의 수
b: 원사의 번수

재봉사의 특성은 봉제품의 종류에 따라 선택적으로 나타나는데, 실의 강도 외에도 산업용품에서는 봉제 후 솔기의 강도(봉합 강도), 내마모성과 같은 실용적인 성능에 중점을 두고 있다. 그러므로 봉제품의 성능이 재봉실로 인하여 손상되는 일이 없도록 재봉실 선택에 신중을 기해야 한다.

예를 들면, 신축성, 난연성, 발수성과 같은 특성이 부여된 천을 봉제할 경우, 재봉사도 그에 알맞은 것을 사용해야 한다. 신축성이 큰 천의 봉제에는 텍스처 재봉사를 사용하고, 땀의 형태도 적합한 것을 선택해야 옷감의 성능이 손상되지 않는다. 그리고 비옷의 봉제에는 물이 스며들지 않도록 수지가공을 한 재봉사를 사용해야 한다.

염색과 가공

1. 염색의 준비
2. 염 색
3. 가 공

4 염색과 가공

가공은 상당히 넓은 범위를 포함한다. 일반적으로 옷감을 최종 용도에 적합하도록 만드는 것이 가공이다. 섬유가공은 넓은 의미로 생각하면 원사 제조 이후에 염색이나 화학적 · 물리적 개질 등을 통하여 섬유에 부가적 기능을 부여하거나 부가가치를 높이는 공정을 말하며 가공사의 제조, 염색 등이 모두 이에 포함된다.

좁은 의미의 가공은 후가공, 즉 옷감이 제조된 이후에 섬유에 화학적 또는 물리적인 처리를 통해 심미적인 면이나 기능적인 면에서의 개선을 추구하는 공정을 말하는데, 우리가 흔히 말하는 기능성 가공은 좁은 의미의 가공, 즉 후가공을 의미한다.

1. 염색의 준비

옷감을 구성하고 있는 원료 섬유 자체가 가진 불순물이나 방적, 제직 또는 편성 과정에서 생지(grey fabric)[1]에 첨가된 여러 가지 불순물을 제거해야 염색이나 가공을 효과적으로 할 수 있다. 넓은 의미의 염색은 발호, 정련 및 표백 등의 염색 준비과정을 포함한다.

1 생지 : 직기에서 제직해 낸 그대로의 천으로 정련, 표백, 염색, 가공 등을 하지 않은 직물

1) 발 호

일반적으로 제직할 때는 경사에 풀을 먹인다. 그러므로 다음 처리를 하기 전에 우선 이러한 풀기를 없애야 하는데 이 과정을 발호(또는 호발)라 한다. 녹말풀을 제거하는 데에는 효소를 사용하여 분해시키는 방법이 가장 많이 쓰이고, 인조섬유 직물에 사용한 CMC(carboxymethylcellulose)[2], PVA(polyvinylachohol)[3] 등의 합성풀은 더운물로 씻어 제거한다.

2 CMC : 셀룰로스의 OH기 일부를 카르복시 메틸기(-$CH_2ClCOOH$)로 치환한 것으로 풀로 쓰이는 것은 나트륨염이다.

3 PVA : 내유성(耐油性), 내용제성(耐溶劑性)이 좋고 합성섬유에 대한 효과가 좋아 합성섬유용 호료로 적합하다.

2) 정 련

옷감을 염색, 가공할 때 불순물이 있으면 염료나 가공처리액이 고루 침투할 수 없어 목적한 대로 염색이나 가공이 잘 되지 않고 얼룩이 생기는 등의 문제를 일으키게 된다. 그러므로 염색과 가공을 하기 전에 불순물을 제거하는데 이러한 공정을 정련이라 한다.

면은 수산화나트륨 또는 탄산나트륨 등의 알칼리를 넣고 끓여서 불순물을 제거한다. 반면, 양모는 양에서 깎은 원모 상태로는 라놀린(lanolin) 등 많은 불순물을 함유하므로, 실을 만들기 전에 정련해야 한다. 세제나 탄산나트륨 용액으로 정련할 때에는 알칼리성이 강하지 않은 것을 사용해야 한다.

견의 정련은 세리신을 제거하는 것이다. 생사에는 약 25%의 세리신이 함유되어 있는데 이 세리신 때문에 촉감이 거칠고 색이나 광택이 좋지 않다. 정련에는 비누나 탄산나트륨을 사용한다. 견의 정련은 제직하기 전에 생사를 정련하여 정련견사, 즉 숙사를 얻기도 하고 생사로 제직한 후 직물상태에서 정련하기도 한다.

인조섬유는 제직 또는 편성 중에 첨가된 불순물을 제거하기 위하여 세제용액 등으로 씻어낸다.

3) 표 백

표백은 표백제를 사용하여 산화 또는 환원작용에 의해 섬유의 색소를 파괴함으로써 섬유제품을 백색으로 만드는 공정이다. 섬유는 화학적 조성에 따라 산화 또는 환원에 대한 반응이 다르므로 섬유의 종류에 따라서 적절한 표백제를 선택하여 사용해야 한다.

표백제는 크게 산화표백제와 환원표백제로 나뉘는데, 그 종류는 그림 4-1과 같다.

면 · 마직물의 표백에는 일반적으로 하이포아염소산나트륨이나 과산화수소 등을 쓰고, 합성섬유와의 혼방직물에는 아염소산나트륨을 쓴다. 그러나 수지가공된 제품은 염소계 표백제로 표백하면 변색되고 섬유가 손상될 수 있으므로, 표백하기 전에 수지가공 여부를 확인해야 한다.

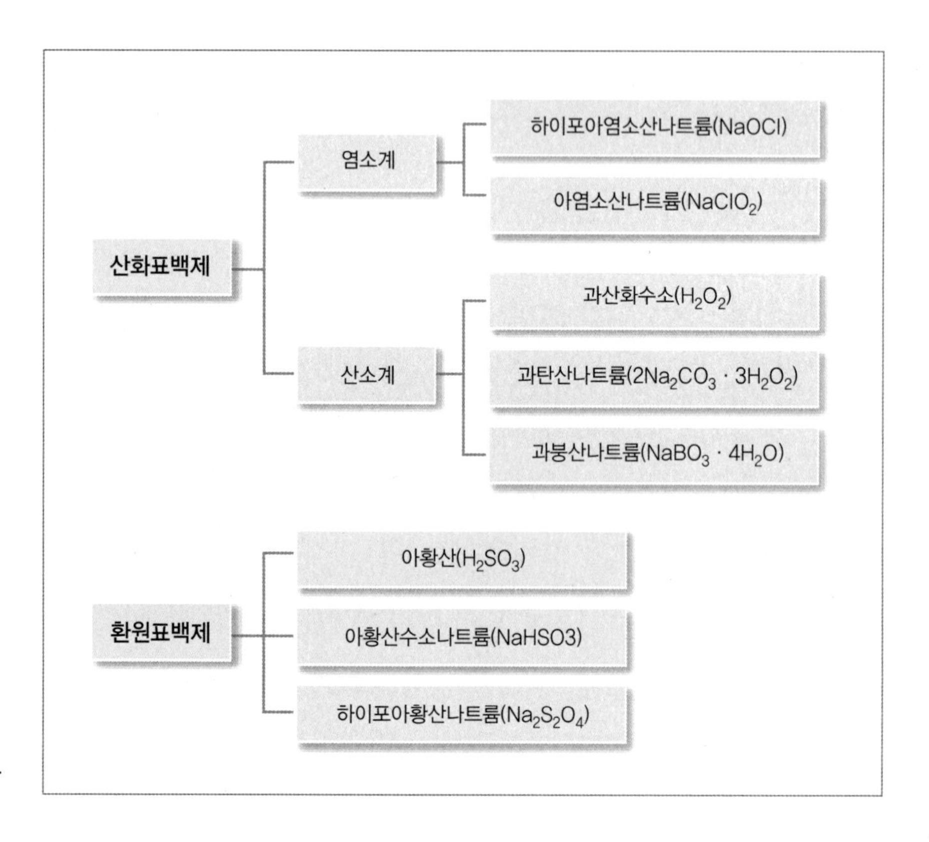

그림 4-1 표백제의 종류

모, 견 등 단백질 섬유의 표백에는 과산화수소 또는 환원표백제인 하이포아황산나트륨을 사용한다. 나일론이나 폴리에스터에는 아염소산나트륨을 사용한다.

4) 형광증백

표백한 다음에도 옷감이 누르스름한 색을 띠는 경우가 있는데, 이러한 옷감을 희게 보이게 하는 것을 증백이라 한다.

증백제는 일종의 백색 염료로, 섬유에 염착되어 자외선을 흡수하고 청색 계통의 형광을 발산하여 더욱 희게 보이게 해주는 물질로서 형광증백제라고도 한다.

대부분의 형광증백제는 일광에 의해 분해되어 형광을 발하지 않게 되고 황변하기 쉽다. 근래에는 세제들이 형광증백제를 함유하고 있는 경우가 많으므로 이러한 세제들로 세탁하였을 때에도 건조 시 일광을 피하는 등 주의가 필요하다.

2. 염 색

섬유가 자연색 그대로나 백색으로 사용되는 경우도 있지만 착색하여 사용하기도 한다. 의류소재에 내구성이 있는 색상을 부여하는 작업을 염색이라고 하며, 염색에 사용되는 색소를 염료라고 한다.

1) 염 료

색을 가진 물질을 색소라고 하며, 색소는 크게 염료(染料)와 안료(顔料)로 나누어진다. 염료는 물 또는 약품에 용해되어 섬유에 염착되는 것이고, 안료는 불용성의 색소로 별도의 약제를 사용하여 섬유에 접착시키는 것이다.

염료는 화학적인 구조에 따라 분류되기도 하지만, 일반적으로 염색방법에 따라 분류되며 다음과 같은 종류가 있다.

(1) 직접염료

직접염료는 중성 또는 약알칼리성 중성염 수용액에서 셀룰로스 섬유에 직접 염색되며, 산성 하에서 단백질 섬유와 나일론에도 염착된다. 직접염료는 색의 종류가 다양하고 염색법이 간단하지만 일반적으로 선명도가 좋지 못하고 일광, 마찰 및 세탁견뢰도가 좋은 편이 아니다. 하이드로술파이트와 같은 환원제에 의해 표백되므로 환원발색을 할 수 있다.

(2) 산성염료

산성염료는 화학적으로는 직접염료와 비슷하며, 색상이 다양하고 직접염료에 비해서 선명하고 견뢰도도 좋다. 물에 잘 녹는 편이고, 산성에서 단백질 섬유와 나일론에 염착되므로 양모, 견 및 나일론 염색에 가장 많이 쓰이는 염료이다. 산성염료는 염색성에 따라 균염염료(均染染料)와 밀링(milling) 염료로 나누어진다. 균염염료는 강산성 하에서 균염이 얻어지나 침윤처리에 대한 견뢰도가 좋지 못하다. 밀링염료는 약산성 또는 중성에서 염색이 되며 염착력이 강해서 침윤처리에 잘 견디나 균염이 안 될 때가 있다.

(3) 염기성염료

염기성염료는 물에 잘 녹으며 중성 또는 약산성에서 단백질 섬유에 잘 염착되고 아크릴섬유에도 염착된다.

일반적으로 염기성염료는 색조가 선명하고 염착성이 좋은 반면, 알칼리 세탁과 일광에 대한 견뢰도가 좋지 못하여 천연섬유의 염색에는 거의 쓰이지 않는다. 그러나 아크릴 섬유용으로 개발된 새로운 염기성염료는 세탁과 일광에 견뢰한 것이 많다. 이러한 새로운 염기성염료를 카티온(cation) 염료라고 하는데, 일반적으로 염기성염료를 카티온염료라고도 한다.

(4) 매염염료

매염염료는 섬유에 직접 염착되지는 않으나 섬유에 금속염을 흡수시킨 다음 염색하면 금속이 염료와 배위결합을 하여 불용성 착화합물을 만들어 염색이 이루어진다. 매염제로 사용되는 금속염은 알루미늄, 주석, 크롬, 철 등이며, 금속의 종류에 따라서 같은 염료로부터도 다른 색이 얻어진다. 일광, 세탁, 마찰 등에 견뢰한 특성이 있으나 염색법이 복잡하고 색을 맞추기가 어려워 거의 쓰이지 않는다.

(5) 산성매염염료

이 염료는 산성염료와 매염염료의 두 가지 성질을 함께 가지고 있다. 즉, 산성 염액에서 양모와 나일론에 잘 염색되는 것은 산성염료로서의 특성을 가지고 있으며, 크롬과 같은 금속염과 불용성 착화합물을 만드는 것은 매염염료로서의 특성을 지니고 있다.

매염에 크롬 화합물이 주로 사용되므로 크롬염료라는 별명이 붙어 있다.

(6) 배트염료

배트(vat)염료 자체는 물에 녹지 않으나 환원제로 환원시키면 알칼리 수용액에 용해되어 섬유에 대한 친화성력이 커져 염색이 잘 되고 공기 중의 산소에 의해서 산화되어 발색되어 불용성 화합물로 변화된다.

배트염료로 염색된 제품은 일광, 세탁, 산, 알칼리, 열, 마찰 견뢰도가 매우 우수하며 대체로 색도 선명하다. 면을 비롯한 셀룰로스 섬유에 사용되는 실용적인 염료이다. 가용성 배트염료가 개발되어 있는데 셀룰로스 섬유를 연한 색으로 염색하는 데 적합하고, 용해시키기 위하여 알칼리를 쓰지 않으므로 양모, 견 등에도 이용할 수 있다.

(7) 황화염료

황화염료는 염료분자 내에 황을 함유하고 있으며, 물에는 불용이나 황화나트륨(Na_2S)의 강알칼리 용액에서 환원되어 용해되고, 이 용액에서 셀룰로스 섬유에 직접 염착된다. 공기 중에서 산화되어 발색되면서 불용성 염료가 된다.

일광과 세탁에 대한 견뢰도가 좋고 값이 싼 장점이 있으나 선명한 색을 가진 염료가 적고 시간이 경과함에 따라 섬유가 약해지는 경향이 있는 등의 단점이 있다.

(8) 아조익염료

아조익(azoic)염료는 염료를 구성하는 두 성분을 섬유상에서 결합시켜 불용성 염료를 형성하게 되는데, 먼저 염료의 한 성분인 하지제(下漬濟)에 염색물을 침지한 후 현색제(顯色劑)로 처리하면 섬유상에서 불용성 염료가 형성되어 발색된다. 전에는 하지제로 나프톨(naphthol)을 사용하였으므로 아조익염료를 나프톨염료라고도 부른다.

아조익염료는 하지처리가 알칼리 용액에서 행해지므로 내알칼리성이 좋은 셀룰로스 섬유에 주로 사용된다. 세탁 · 일광에 대하여 배트염료 다음으로 견뢰성을 가진 염료이나 마찰에 약하다.

(9) 산화염료

아닐린(aniline)이나 그 유도체를 산화하면 중합하여 흑색으로 변하는 원리를 이용한 염료이다. 이것은 먼저 아닐린염을 섬유에 흡수시킨 다음, 염소산칼륨으로 산화하면 불용성 염료를 섬유상에 형상한다. 대표적인 것에는 아닐린 블랙(aniline black)이 있다.

값이 싸고 세탁, 일광, 산, 알칼리에 대하여 상당한 견뢰성을 가지고 있어 셀룰로스 섬유와 단백질 섬유에 이용되나, 흑색과 갈색에 한정되어 다양한 색이 없고 아닐린이 인체에 해롭고 염색법이 복잡하여 거의 쓰이지 않고 있다.

(10) 분산염료

아세테이트섬유가 처음 출연하였을 때는 염색이 매우 어려웠었다. 그리하여 아세테이트섬유의 염색을 위하여 개발된 것이 이 분산염료(分散染料)이다. 그러나 요즈음 이 분산염료는 아세테이트뿐만 아니라 폴리에스터를 비롯한 합성섬유의 염색에 많이 이용된다. 폴리에스터는 염색성이 좋지 않아서 분산염료를 사용하더라도 고온(120℃ 이상)을 필요로 한다.

분산염료는 색상이 다양하고 선명할 뿐 아니라 세탁과 일광에 대한 견뢰도도 비교적 좋은 편이나 열과 유기용매에는 약하다. 이 분산염료의 열에 의해 증발되는 성질을 이용한 것이 전사날염이다.

(11) 반응염료

염료분자와 섬유가 반응하여 공유결합을 형성하는 염료를 반응염료라고 한다. 이와 같이 염료와 섬유가 공유결합에 의해 결합되어 있으므로 세탁과 마찰에 대한 견뢰도뿐 아니라 일광견뢰도도 우수하다. 색상도 선명하여 짙은 색도 얻을 수 있다. 직접염료를 대신하여 셀룰로스 섬유에 널리 이용되며 양모와 나일론용 반응성염료도 제조되고 있다.

(12) 안 료

안료는 불용성 색소로서 섬유와의 친화성을 가지고 있지 않다. 그러나 유기안료의 미세한 분말(0.1μm 이하)을 합성수지 접착제 중에 분산시켜 이 수지의 얇은 피막을 섬유제품 상에 부착시킴으로써 착색(염색)의 목적을 달성할 수 있다. 따라서 이 방법은 섬유의 선택성이 없기 때문에 모든 섬유에 적용할 수 있다. 주로 날염에 이용되나 수지피막으로 접착되어 있으므로 마찰에 대해서는 내구성이 좋지 못하다.

염료가 일광, 세탁, 마찰 등 여러 가지 처리에 견디는 능력을 염색견뢰도(堅牢度)라고 하는데 염료의 종류에 따라 상당한 차이가 있으며, 같은 염료도 염색된 섬유의 종류에 따라서도 차이가 있다.

표 4-1은 각종 염료의 각 섬유에 대한 염색성 및 여러 가지 작용에 대한 일반적인 견뢰도를 표시한 것이다.

표 4-1 염료와 섬유 간의 관계

		원포	직접	산성	염기성	배트	황화	아조익	분산	반응성
면										
나일론										
아세테이트										
양모										
레이온										
아크릴										
견										
폴리에스터										
견뢰도	일광		나쁨	나쁨	매우 나쁨	매우 좋음	좋음	좋음	좋음	매우 좋음
	세탁		나쁨	좋음	매우 나쁨	매우 좋음	좋음	좋음	나쁨	매우 좋음
	마찰		좋음	좋음	나쁨	매우 좋음	좋음	좋음	좋음	좋음

2) 염색법

염색방법은 무늬의 유무에 따라 침염과 날염으로 나누어진다.

최근에는 다양한 염색장치를 사용하여 염색작업의 효율을 높이고, 또 독특한 무늬를 창출하고 있다.

(1) 침 염

피염물을 염료와 기타 조제(助劑) 용액 속에 담가 염색하는 방법으로 가장 일반적인 염색법이다.

① 피염물에 따른 염색

피염물이 섬유고분자로 시작하여 옷으로 만들어지기까지의 각 단계에서 최종 용도와 견뢰도 및 유행경향을 고려하여 침염은 이루어진다. 이때 직물이나 편성물에 염색하는 것을 후염(後染) 또는 포염색(布染色)이라고 하고, 제직 또는 제편 전의 실을 염색하는 것을 선염(先染) 또는 사염색(絲染色)이라고 한다.

양모는 염색과정에서 제품이 상당한 변화를 받으므로 실이 완성되기 전인 톱(top) 상태에서 염색하는 경우가 많다. 이것을 양모의 톱 염색이라고 한다. 또 때에 따라서는 원료섬유, 즉 원면이나 원모를 염색하기도 하는데, 이것을 원료염색(原料染色)이라고 하며 여러 가지 색의 섬유로 된 실을 얻는 등의 특수목적에 이용된다.

다음의 표 4-2는 피염물의 형태에 따른 염색의 특성을 설명하고 있다.

혼방직물이나 교직물을 염색할 때 섬유의 종류에 따른 염색성의 차를 이

표 4-2 피염물의 형태에 따른 염색

종류	특성
원액염색	섬유 고분자의 방사원액에 색소를 첨가하는 염색으로 올레핀 섬유의 염색에 적합하다. 염색견뢰도가 매우 우수하지만 색상의 다양성이 어렵고 재염색이 불가능하며 공정이 번거롭고 염색 원가가 높다.
원료염색	섬유 상태로 염색하므로 염료의 침투가 좋으며 트위드나 히더 효과를 만든다. 염색 시 섬유의 손실이 발생하기도 하며 색상의 다양성이 어렵고 염색 원가가 비교적 높다.
사염색	실 상태의 염색으로 염료의 침투가 좋으며 줄 또는 체크무늬의 포에 적합하다. 색상의 다양성은 제한적이다.
포염색	직물 또는 편성물 상태의 염색으로 사염색이나 원료염색보다 염료의 침투가 어렵다. 다양한 침염장치가 개발되어 있다.
의류염색	의류 완성품에 염색하는 것으로 트렌드에 따른 염색이 가능하다. 포염색보다 고비용이며 염료의 침투도 어렵고 견뢰도도 우수하지 않다.

(a) 유니온 염색

(b) 크로스 염색

그림 4-2 **크로스 염색과 유니온 염색의 예**

폴리에스터/면(35/65) 혼방직물에 염색한 것으로, (a)는 청색의 분산염료와 직접염료를 사용하여 폴리에스터와 면을 각각 청색으로 염색한 것이고, (b)는 청색의 분산염료와 붉은색의 직접염료로 염색하여 중간색이 나타난 것임

용하여 섬유의 종류에 따라 각기 다른 색으로 염색할 수 있다. 이러한 염색을 크로스(cross) 염색 또는 이색염색(異色染色)이라고 한다. 이에 반해 혼방직물이나 교직물을 같은 색상으로 염색하는 것은 유니온(union) 염색이라고 한다.

폴리에스터 및 그 혼방직물을 분산염료 또는 배트염료로 염색할 때 서모솔(thermosol) 염색법이 쓰인다. 서모솔 염색법은 직물을 염액(염료 · 분산제 · 요소 · 호료 등의 용액)에 침지하고 건조시킨 다음, 서모솔 장치에서 180～220℃, 30～60초 동안 처리하여 염료를 고착시킨 후 세척한다. 염색 시간이 짧고 연속작업을 할 수 있다.

② 침염장치

피염물의 형태 중 포염색이 가장 많이 행해지고 있고, 포염색장치로는 빔(beam), 베크(beck), 제트(jet), 지그(jig), 패드(pad) 및 연속염색의 6가지가 널리 사용되고 있다. 그림 4-3은 포염색장치를 도식화하여 보여주고 있다.

- 빔(beam)염색 : 조직이 성글고 가벼운 직물에 주로 이용하는 것으로 직물을 구멍이 많이 있는 빔에 감아서 염색한다.

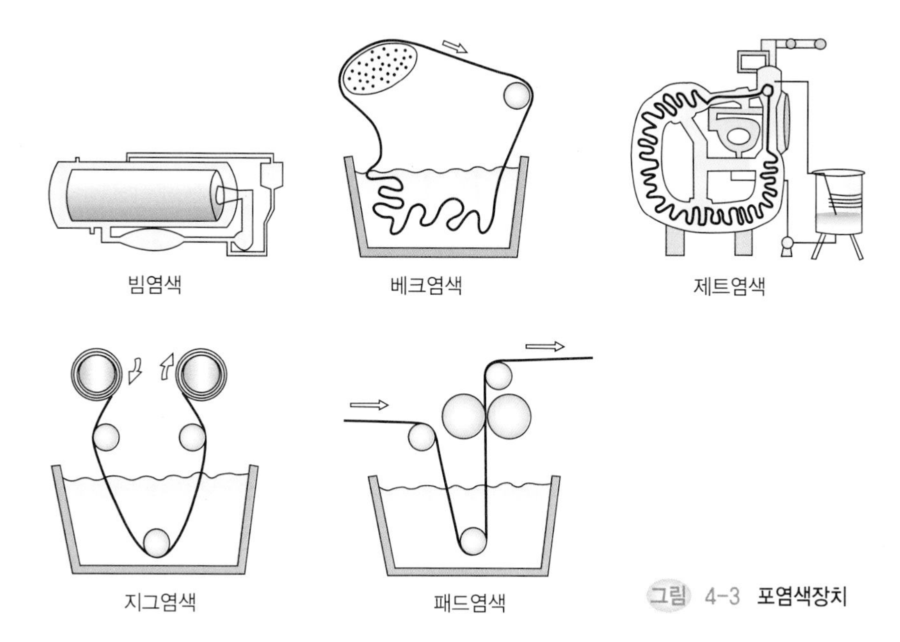

그림 4-3 포염색장치

- 베크(beck)염색 : 박스 또는 윈스염색이라고도 한다. 직물의 끝을 이어서 염욕 속에서 계속적으로 순환시키며 염색하는 것으로 피염물에 장력이 덜 가해지므로 편성물 또는 모직물의 염색에 적합하다. 피염물 원래의 태를 유지할 수 있다.
- 제트(jet)염색 : 베크염색과 유사하지만, 폐쇄욕에 염액을 가압하여 생기는 스트림으로 염색하는 것으로, 베크염색보다 경제적이고 염색도 빨리 된다.
- 지그(jig)염색 : 직물에 장력이 많이 가해지므로 태프터나 안감과 같은 직물의 염색에 사용한다. 직물을 펼친 상태로 염욕을 지나가게 한다.
- 패드(pad)염색 : 직물에 장력이 가해지므로 강한 직물에 주로 사용하며, 염료를 직물에 짜 넣는 패드를 사용하는 것으로 안료를 사용 시 주로 사용한다.

피염물의 길이가 매우 긴 경우(실 포함)에는 연속염색을 하며 카펫의 염색에도 한다. 거품염색이나 진공(impregnation)은 파일직물 또는 무거운 직물의 염색에 사용한다.

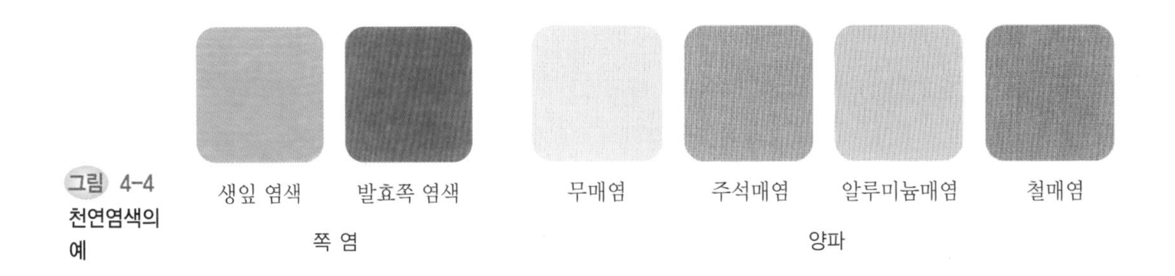

그림 4-4 천연염색의 예

③ 천연염색

천연에 존재하는 것을 염색의 재료로 이용하는 것으로 식물염료, 동물염료 및 광물염료가 있다. 식물염료는 식물의 잎과 꽃, 열매, 수피, 뿌리, 이끼에 포함된 색소를 추출하여 염색하는 것이며, 동물염료는 조개의 피나 즙, 곤충 등을 추출하여 염색하고 있다. 광물염료는 광물의 돌가루, 흙을 이용하는 염색법이다.

천연의 염재는 산지, 생육환경, 영양상태 및 채취시기 따라 색소성분의 함량에 차이가 있다. 색소를 추출하는 방법, 용매에 따라서도 성분이 달라져 염색물의 색상에 변화가 있다.

천연염료는 한 가지 색만이 염색되는 단색성 염료와 한 종류의 염료라도 각종 매염제와의 결합으로 여러 색이 염색되는 다색성 염료가 있다. 또한 옷감의 종류에 따라 같은 염료라도 염색의 정도가 다르게 나타난다. 근래에는 천연염료를 분말화한 후 날염하는 방법도 시도되고 있다.

(2) 날 염

완성된 직물에 여러 가지 모양의 무늬를 염색하는 것을 말한다. 날염방법에는 직접날염법 · 발염법(拔染法) · 방염법(防染法), 전사날염 그리고 최근 발전하고 있는 디지털 텍스타일 프린팅(digital textile printing, DTP)이 있다.

① 날염의 순서

날염의 일반적인 공정 순서는 다음의 그림 4-5와 같다.

• 날염을 하기 위한 준비는 염료의 흡착을 쉽게 하기 위하여 행하는 것으

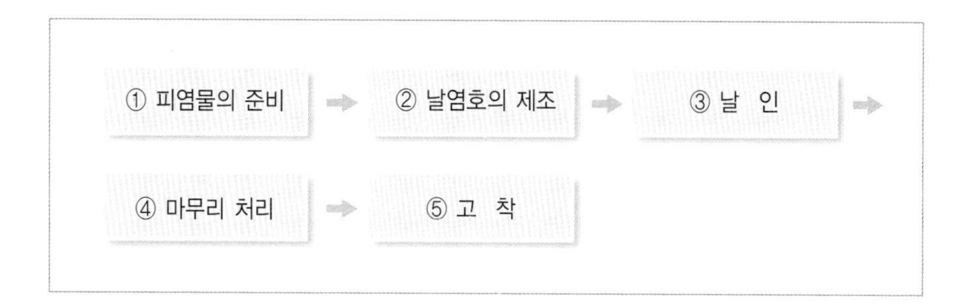

그림 4-5
날염의 순서

로 피염물의 형태에 따라 다르나 직물의 경우는 털태우기, 발호, 정련, 표백 및 캘린더링을 포함한다. 폭내기를 하여 경사와 위사가 직각이 되도록 한다. 발염을 할 때에는 침염으로 바탕염색을 한다.

- 날염은 부분을 염색하는 것이므로 염액이 번지지 않도록 충분히 점성을 가진 물질을 염액에 혼합하여 제조한다. 날염호는 날염방법에 따라 구성성분이 달라지나, 대부분 착색제(염료 또는 안료), 염색용 조제, 발염제 또는 방염제, 풀감, 용매(물 또는 유기용매) 등으로 제조한다.
- 날인은 무늬를 피염물에 나타내는 공정으로 다양한 장치 또는 도구가 사용되고 있다. 수공예적으로 사용되는 날인기법으로는 붓날염, 분무염, 판염, 스텐실 날염, 스크린 날염 등이 있고 공업적으로는 롤러 날염, 스크린 날염, 롤러 스크린 날염이 가장 많이 이용되고 있다.
- 고착은 피염물 위에 날인되어 날염호에 들어 있는 염료를 섬유에 고착시키는 공정으로 날염호로 날인한 피염물을 건조시킨 후 고온에서 포화증기로 처리하는 증열을 통하여 이루어진다. 착색제로 안료를 사용한 경우에는 날염호에 들어 있는 수지 혹은 바인더가 중합하여 안료를 섬유에 접착시키도록 큐어링을 해야 한다. 큐어링은 증열과 달리 높은 온도에서 단시간 가열하는 처리이다.
- 고착처리를 끝낸 피염물은 날염호를 제거하기 위하여 물로 충분히 씻어내고 소핑 처리를 한다. 사용염료의 종류에 따라 소핑 처리를 하지 않는 경우도 있다.

② 직접날염법(direct printing)

직접날염법은 염료, 조제 그리고 호료를 배합한 날염호로 직물의 표면에 무늬를 날인한 후 증기로 쪄서 염료를 섬유의 내부까지 침투, 염착시키는 방법이다. 방염이나 발염과 달리 가장 직접적인 방법이다. 바탕색을 염색한 옷감 위에 덧날염(over printing)하는 방법도 바탕색의 염료를 탈색 또는 감색(減色)하는 기능이 없으므로 직접날염법에 포함된다. 날염은 2종 이상의 날염호가 서로 겹치지는 않지만, 특히 그것을 목적으로 하는 것은 겹침날염(fall on printing)이라 하며, 덧날염과는 구별한다.

③ 발염(discharge printing)

균일하게 염색된 실 또는 옷감에 발염제가 들어 있는 날염호로 무늬를 날인하여 찍힌 곳의 염료를 파괴 또는 가용화(可溶化)시키거나, 무색의 상태로 변질시켜 본래의 실이나 포백의 바탕색에 무늬를 생기게 하는 날염기법을 말한다. 여기에는 백색 발염, 착색 발염, 반발염법의 세 가지 방법이 있다.

백색 발염은 바탕색의 염료를 완전히 제거하여 백색의 모양을 구성하는 것이고, 착색 발염은 날염호 속의 발염제에 견디는 염료를 날염호에 혼합하여 날인하여 찍힌 모양의 바탕색 염료를 완전히 제거하는 동시에 새로운 염료를 고착하는 방법이다. 반발염법은 백색 발염을 반 정도에서 멈추도록 적당한 양의 발염제를 배합한 날염호로 날인하여 바탕색의 색상보다도 약간 연한 색으로 무늬를 구성하는 방법이다. 발염제에는 환원발염제와 산화발염제가 있다.

④ 방염(resist printing)

실 또는 옷감의 일부분에 염료가 침투되지 못하는 방염제로 무늬를 날인한 후에 일반 침염법에 따라 염색하여 방염제가 부착되지 않은 부분만 염색하고 날인된 부분은 희게 남겨두는 방법이다. 방염 부분을 희게 하는 방법을 백색방염이라 하고, 염료 또는 안료를 첨가하여 착색된 무늬를 얻는 방법을 착색방염이라 한다. 방염 효과를 반감시켜 특수한 효과를 얻는 것을 반방염(半防染)이라고 한다.

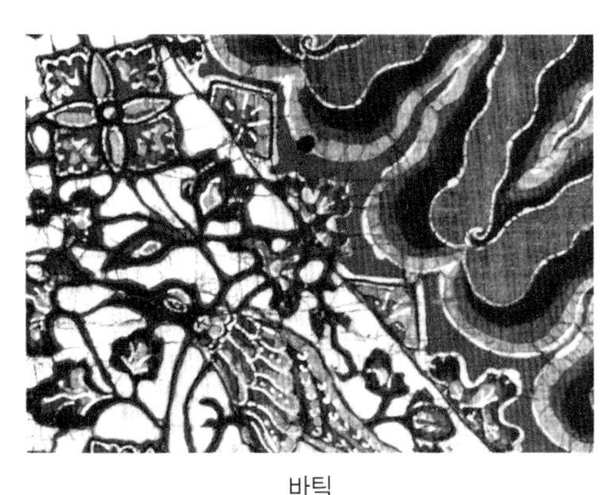
바틱

홀치기

그림 4-6
밀랍을 이용한 바틱과 홀치기에 의한 방염직물

대개 방염제 또는 방염제를 포함한 날염호로 날인하고 건조한 후 필요에 따라 증열(蒸熱)하고, 이어서 바탕을 염색한다. 방염제로 파라핀 왁스나 밀랍, 아교, 풀감 등을 쓰는 물리적인 방법과 염료의 생성을 방지하기 위한 pH 조정약제, 산화 혹은 환원제를 쓰는 화학적 방법 등도 있다. 일반적으로는 어느 정도의 물리적 방염과 화학적인 방염을 조합한 방법이 활용된다. 직물을 부분적으로 실로 홈질한 후 매어 그 부분을 염색에 안 되게 하는 홀치기법도 일종의 방염법이라 할 수 있다.

⑤ 열전사날염(heat transfer printing)

분산염료의 승화성을 응용한 기상날염법(氣相捺染法)의 일종이다. 전사용 종이에 날염호 또는 잉크로 무늬를 인쇄하고 그 종이에 날염할 옷감을 마주 붙인 다음, 그 뒤에 면을 압착, 가열하여 표면의 무늬가 옮겨가도록 하는 것

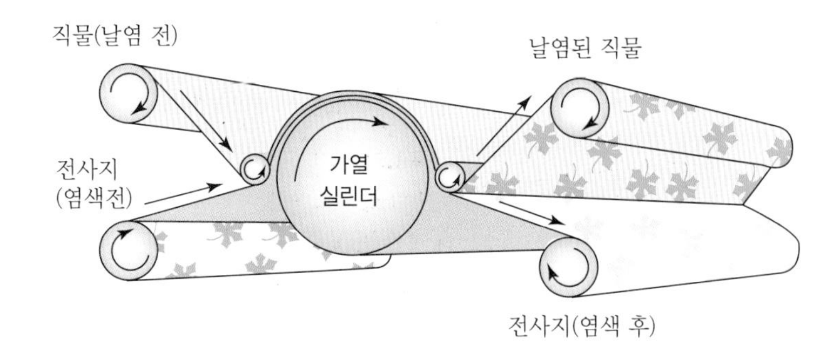

그림 4-7
열전사날염

이다. 이 날염의 장점은 모양이 명확할 뿐 아니라 극히 정밀한 날염무늬를 얻을 수 있고 양면 날염이나 표면과 뒷면이 다른 무늬의 날염이 가능하다는 점이다. 편성물에 적합하고 불량발생률이 적으며, 공정 후에 후처리나 폐수 처리를 할 필요가 없다. 그리고 생지(生地)의 열고정도 동시에 가능하다.

⑥ 디지털 텍스타일 프린팅

컴퓨터로 작업한 영상을 마치 종이에 프린트하듯이 옷감 위에 날염하는 방법이다. 수질오염 및 여러 가지의 낭비를 줄일 수 있고 정보를 컴퓨터에 저장할 수 있는 등의 장점이 있으나, 옷감의 전처리, 모니터 화면과 실제 DTP 염색기에서 나타나는 색상의 차이 등이 앞으로 개선되어야 단시간에 자유롭게 날염될 수 있다.

⑦ 기타의 날염방법

위에서 기술한 날염방법 외에 특별한 무늬효과를 나타내기 위하여 사용되는 날염방법에는 경사날염(warp printing), 플록날염(flock printing) 및 소광날염이 있다.

경사날염은 경사를 정렬한 후 무늬를 염색하여 제직하거나 방염한 경사를 사용하여 제직하는 것으로 직조 후에는 무늬의 윤곽선이 번진듯한 독특한 효과를 만들어 낼 수 있다. 플록 날염은 옷감에 접착제를 바르고 그 위에

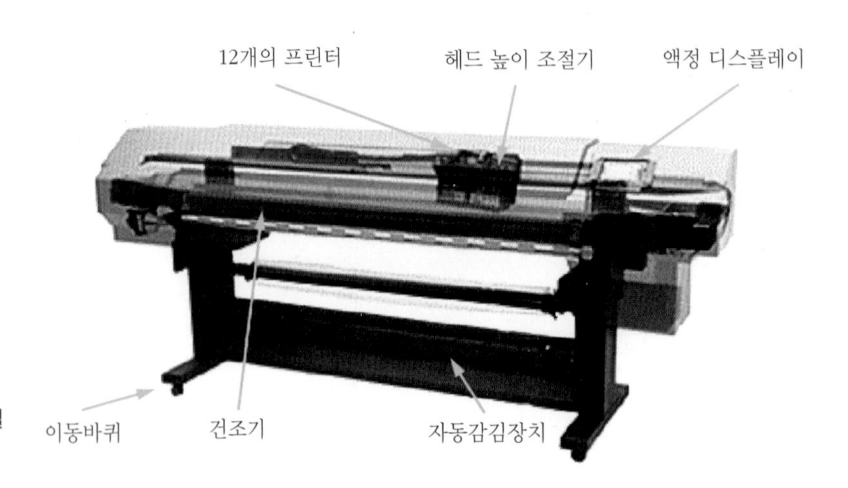

그림 4-8 디지털 텍스타일 프린터

짧은 털을 무늬 모양에 맞추어 직각방향으로 심은 날염이다. 소광날염은 광택이 많이 나는 직물에 소광제를 날인하여 광택이 나는 부분과 광택이 나지 않은 부분이 어우러져 무늬를 나타내게 하는 날염이다.

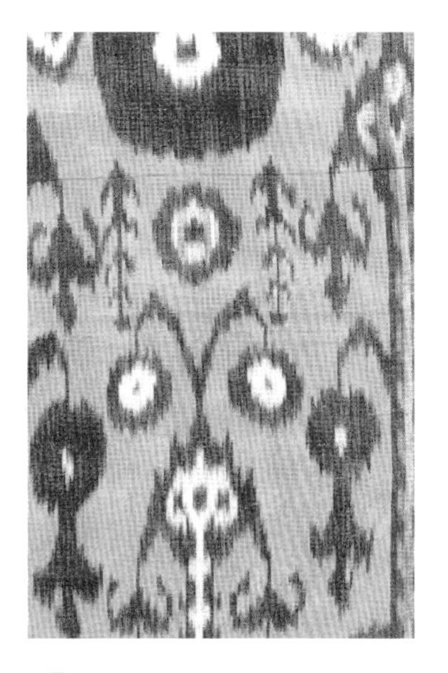

그림 4-9 경사날염 직물

⑧ 날인 장치

날염호를 직물에 날인하는 방법에는 롤러날염법(roller printing)과 스크린날염법(screen printing) 이 있다.

롤러날염은 동제(銅製) 롤러에 무늬를 조각하고 여기에 날염호를 묻혀서 직포에 날인하는 방법으로 날인 속도가 빨라 대량생산에 적합하다.

스크린날염은 무늬를 형성시킨 사포(紗布)를 메운 틀을 직포 위에 놓고 그 위에서 날염호를 스퀴지(squeeze)로 밀어서 무늬를 날인하는데, 수작업으로 하기도 하고 자동스크린날염기를 사용하기도 한다. 조작이 비교적 간단하고 다양한 무늬를 나타낼 수 있으며 날염호의 소비도 적은 장점이 있다. 평판스크린 대신 로터리스크린을 사용하는 방법이 개발되어 대량생산 작업에 이용되고 있다.

롤러날염

스크린날염

로터리스크린날염

그림 4-10 롤러날염과 스크린날염

3. 가 공

후가공의 주목적은 옷감의 심미적 또는 기능적인 면의 개선이다. 심미적인 면의 개선을 목적으로 하는 가공은 주로 옷감의 촉감이나 외관, 색상 등을 변형시키는 것이고, 기능성인 면의 개선을 목적으로 하는 가공은 쾌적성이나 안전성 등을 향상시키기 위한 것이다. 대개 공정의 최종 단계에서 가공을 행하며 가공방법은 기계적 방법과 화학적 방법의 두 가지가 각각 사용되거나 함께 사용되기도 한다.

1) 일반 가공

① 털태우기

실이나 직물 또는 편물의 직물은 표면에 많은 잔털이 나 있는 경우가 있다. 표면을 곱고 매끈하게 하기 위하여 실이나 직물 또는 편물을 가스 불꽃 또는 뜨거운 열판 위에 고속으로 통과시켜 표면의 잔털을 태워 버린다. 이것을 털태우기 또는 신징(singeing)이라 한다. 날염무늬를 선명하게 나타내기 위해서는 털태우기 가공이 필수적이며, 또한 직물의 조직이 뚜렷하게 보일 수 있다.

② 캘린더링

직물을 다림질하듯이 뜨거운 롤러 사이로 통과시켜 매끄럽고 윤이 나게 만들어 주는 가공법이다. 직물의 마무리 공정으로 캘린더링을 하게 된다. 편평한 롤러 대신 올록볼록하게 만든 롤러, 즉 엠보싱 캘린더로 처리하면 직물표면에 볼록무늬가 형성된다. 이것을 엠보싱이라 하며, 열가소성 섬유는 무늬가 영구적이지만 셀룰로스 섬유는 세탁하면 무늬가 사라진다. 그러나 셀룰로스 직물을 수지처리 후 엠보싱을 하면 영구적인 요철무늬를 얻을 수 있다.

③ 기모가공

직물의 표면을 긁어 털을 일으키면 부드럽고 따뜻한 촉감을 가지게 된다. 면직물이나 모직물에 널리 쓰인다. 피치스킨(peach skin)가공도 일종의 기모가공이다.

④ 열고정가공

열가소성 섬유의 경우 세탁, 열탕처리에 의한 수축을 방지하고 평활한 표면을 유지하며 형태의 안정화를 향상시키기 위해 열고정을 한다. 열고정가공의 온도는 섬유의 2차 전이온도와 용융온도 사이에서 하며 섬유의 형태, 처리량, 조건 등에 따라 적당한 방법을 택한다.

2) 면직물의 가공

① 머서화 가공

면사나 면직물의 표면을 정리하는 털태우기 과정을 거친 후에 하는 가공으로, 진한 수산화나트륨 용액(18～25%)에 긴장시킨 채 저온(5～18℃)으로 단시간 처리한 후 수세하면 섬유의 단면이 둥글게 되면서 굵기가 커지고, 천연꼬임이 없어지며, 투명도가 증가되며, 견과 같은 광택이 생기고 강도, 흡습성, 염색성이 증가하는데 이를 머서화 가공이라 하며, 견처럼 부드럽고 투명하다고 하여, 일명 실켓 가공이라고도 한다.

② 리플 가공

면섬유는 진한 수산화나트륨으로 처리하면 수축되는 성질을 가지고 있

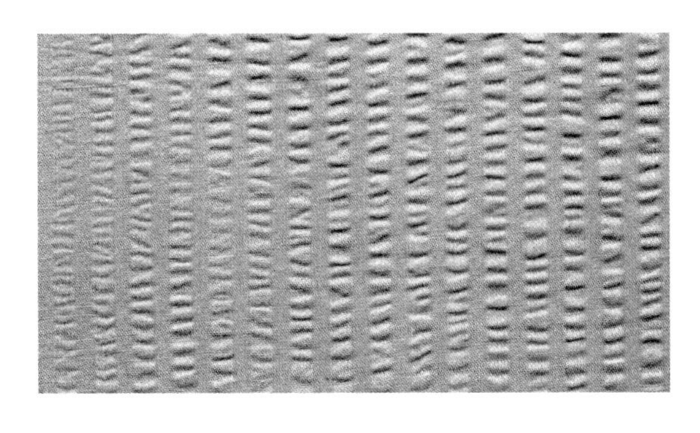

그림 4-11 리플 가공

다. 이러한 성질을 이용하여 수산화나트륨을 첨가한 풀을 줄 또는 점으로 날인하면, 수산화나트륨이 날인된 부분이 수축되면서 직물은 파상을 이루어 오톨도톨한 무늬가 형성된다. 이와 같은 가공을 한 직물을 리플(ripple) 또는 플리세(plisse)라 한다.

③ 샌퍼라이즈 가공

면, 마, 강력레이온 등의 셀룰로스 섬유제품은 제조과정에서 받은 장력에 의하여 늘어났다가 사용 중에 점차로 줄어들게 된다.

샌퍼라이징(sanforizing)은 의복이 만들어지기 전에 직물을 수분과 열과 압력을 가하여 물리적으로 수축시켜 더 이상 수축이 되지 않도록 하는 가공방법으로 이 가공을 하면 직물의 수축률은 ±1% 이하가 된다.

④ 방추가공

면이나 레이온 또는 이들 혼방 직물에 수지를 처리하면, 수지가 섬유 분자들 사이를 연결시키는 다리 역할을 하여 방추성을 가지게 한다.

방추가공으로 널리 알려진 것으로는 P.P(Permanent press) 가공이라고 하는데 듀러블 프레스(Durable press, D.P.)라고도 불린다. P.P.가공은 옷감에 수지를 먹이고 건조시킨 다음에 옷을 만들고 주름이나 형체를 잡아 준 후에 열처리하여 옷의 형체를 고정시켜 주는 것이다. 따라서 P.P 가공이 된 옷은 사용 중에 옷에 구김이 덜 생길 뿐 아니라 주름 등이 유지되면서 형체도 거의 변하지 않는다.

그림 4-12 가먼트 워싱가공한 청바지

⑤ 가먼트 워싱 가공

청바지와 같이 의복이 완성된 후에 세척 등에 의해 외관의 변화를 주는 가공으로 색이 바란 듯한 느낌을 주는 가공이다. 표백제를 사용하는 블리치 워싱, 의복을 부석(pumice)[4]과 같이 넣고 세탁하여 인위적인 마모를 일으키는 스톤 워싱, 셀룰로스 섬유를 분해시키는 효소와 부석을 함께 사용하여 탈색을 얻는 효소 스톤 워싱, 부석에 산화제를 첨가하여 건조상태에서 의복과 함께 돌려 탈색과 동시에 허름한 이미지를 풍기게 하는 애시드(acid) 워싱[5], 모래를 강하게 분사시켜 워싱 효과를 내는 샌드블라스트 등의 방법이 있다.

4 부석 : 작은 구멍이 많고 가벼운 돌

5 애시드 워싱 : 앤티크(antique) 워싱, 하드 록(hard rock) 워싱, 스노(snow) 워싱, 프로스트(frost) 워싱이라고도 한다.

3) 모직물의 가공

① 런던 슈렁크(London shrunk) 가공

모직물이 제직과정에서 장력을 받아 늘어난 것을 안정시키기 위해 옛날 영국에서는 모직물을 런던 교외의 벌판에 널어 놓아 안개와 이슬에 의해 적셨다 말렸다 하는 과정을 되풀이하여 직물을 수축시키고 안정되게 하였다. 이와 같은 모직물의 방축가공법을 런던 슈렁크라고 하였으며, 요즘은 젖은 마 또는 면포에 모직물을 싸서 방치하는 방법을 사용하고 있다.

② 데카타이징 가공

직물에 압력과 고온의 스팀을 가해 영구적이며 평평하고 매끈하게 직물을 가공하는 공정이다. 이 과정에서 광택이 좋아지게 된다.

③ 축융방지가공(방축가공)

양모 제품은 스케일 때문에 사용 중 축융에 의해 수축된다. 이 수축을 방지하기 위하여 양모를 염소로 처리하여 스케일의 일부를 융해시켜 축융을 방지하는데, 이 방법을 염소법(chlorination)이라 한다. 또 양모의 스케일을 수지로 덮어 씌워 축융을 방지하기도 한다. 좀더 완벽하게 양모의 수축을 방지하기 위하여 위의 두 방법을 병행하기도 한다.

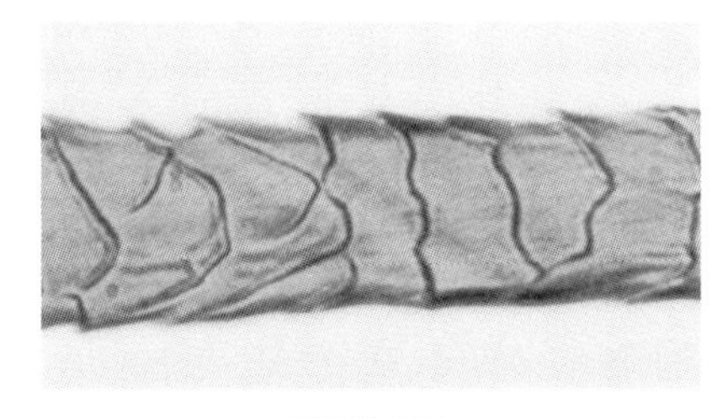

미처리 양모

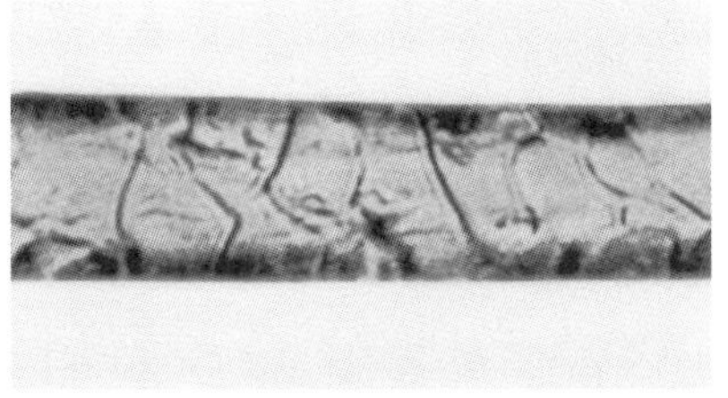

처리 양모

그림 4-13 방축가공 후의 양모 섬유의 스케일

④ 스펀지(sponging) 가공

양모직물에 형태 안정성을 부여하고 물리적 · 역학적 성질을 안정하게 함으로써 봉제 단계에서 나타나지 않는 문제점(seam pucker 등)이 완성 시 나타나는 것을 방지하고, 직물의 물성이 봉제 시의 작업조건을 너무 까다롭게 할 경우를 대비하기 위해 수행하는 공정이다. 주로 스팀을 가하여 열처리를 해주나, 최근에 와서는 스팀을 주지 않고 에어만으로 처리하는 등 경우에 따라서 다양하게 처리한다.

⑤ 주름고정가공

모직물을 약제로 처리한 다음, 옷의 주름이나 형체를 잡아주면 영구적인 주름과 안정된 형체를 유지할 수 있다. 이와 같은 가공은 시로셋(Si-Ro-Set)이라는 상호로 잘 알려져 있다.

⑥ 방충가공

모직물에 좀의 침식을 방지하기 위하여 하는 가공으로 방충성을 가진 약품으로 처리하면 영구적 방충효과를 가진다.

⑦ 축융가공

모직물을 비눗물에 적신 다음 가열된 롤러 사이에서 비벼 주면 양모의 축융성에 의해 모직물은 두툼한 직물이 된다. 이것은 모포, 멜턴 등의 제조에 주로 이용된다.

⑧ 전모가공

축융, 기모 공정에서 생긴 직물표면의 잔털이나 직물의 파일을 고르게 깎아 다듬는 가공으로 직물의 표면이 정돈되고 조직이나 무늬도 선명해진다.

4) 합성직물의 가공

① 방오가공

합성섬유와 혼방 직물, 수지가공된 제품은 오염이 잘 되며 세탁하더라도 오구가 잘 제거되지 않는다. 이러한 오염을 방지하기 위하여 섬유의 표면을 친수성수지로 피복하면 대전을 방지하여 오염되는 것을 막을 수 있고, 오구가 직물 내부로 침투하는 것을 방지한다. 이를 방오가공이라 한다.

② 대전방지가공

섬유제품의 정전기 발생을 억제하는 데는 여러 가지 방법이 사용되고 있으나 쉬운 방법으로는 계면활성제를 쓰는 것이다. 특히 양이온 계면활성제는 섬유와 결합하여 마찰에 의한 전기의 발생을 방지하고 섬유에 유연성을 주는 효과를 함께 가지고 있으나 영구적이지 못하다.

영구적 대전방지를 위해서는 섬유의 표면에 친수성수지를 입히거나 도전성 섬유를 사용하여 영구대전방지 효과를 가지도록 하기도 한다. 도전성 섬유인 탄소섬유와 복합섬유로 하거나 도전성 섬유로 된 실과 교직하기도 한다.

③ 알칼리감량가공

폴리에스터 직물을 수산화나트륨 용액으로 처리하면, 섬유의 표면에서 폴리에스터가 가수분해되어 섬유가 가늘어지고 섬유 표면이 패이면서 촉감, 광택 및 흡습성이 향상되어 천연 견에 가까워진다. 천연 견과 비슷하면서 물세탁을 할 수 있다 하여 시중에서 물실크라는 이름으로 불린다.

④ 소광가공

소광제를 사용하여 합성섬유의 광택을 저하시키거나, 아세테이트 직물을 알칼리 처리하거나, 비스코스레이온 직물을 수지에 침지시켜 직물의 광택을 낮추는 가공이다.

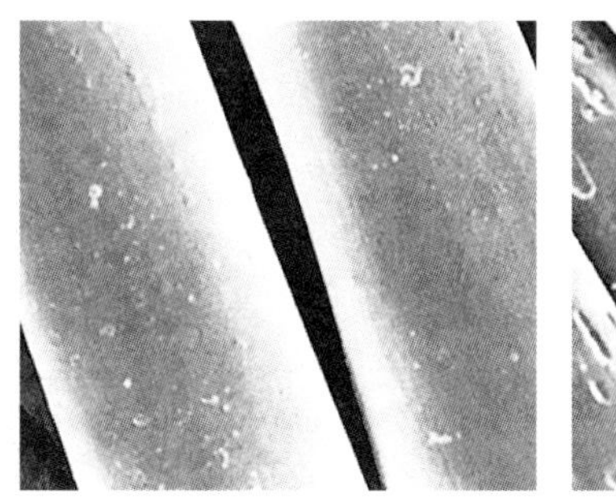

가공 전

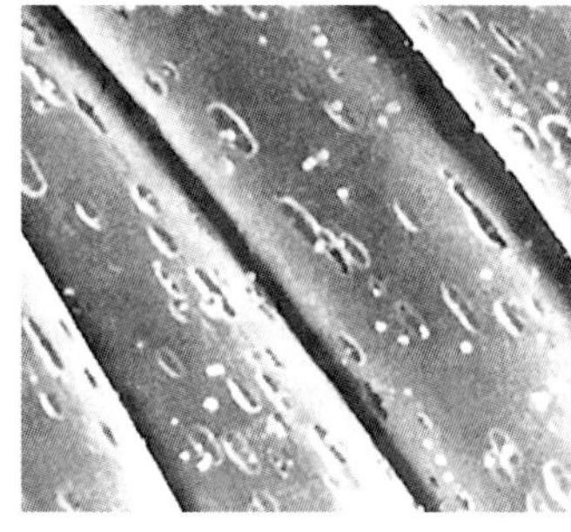
가공 후

그림 4-14 폴리에스터 알칼리 감량가공

부록 1 섬유의 분류

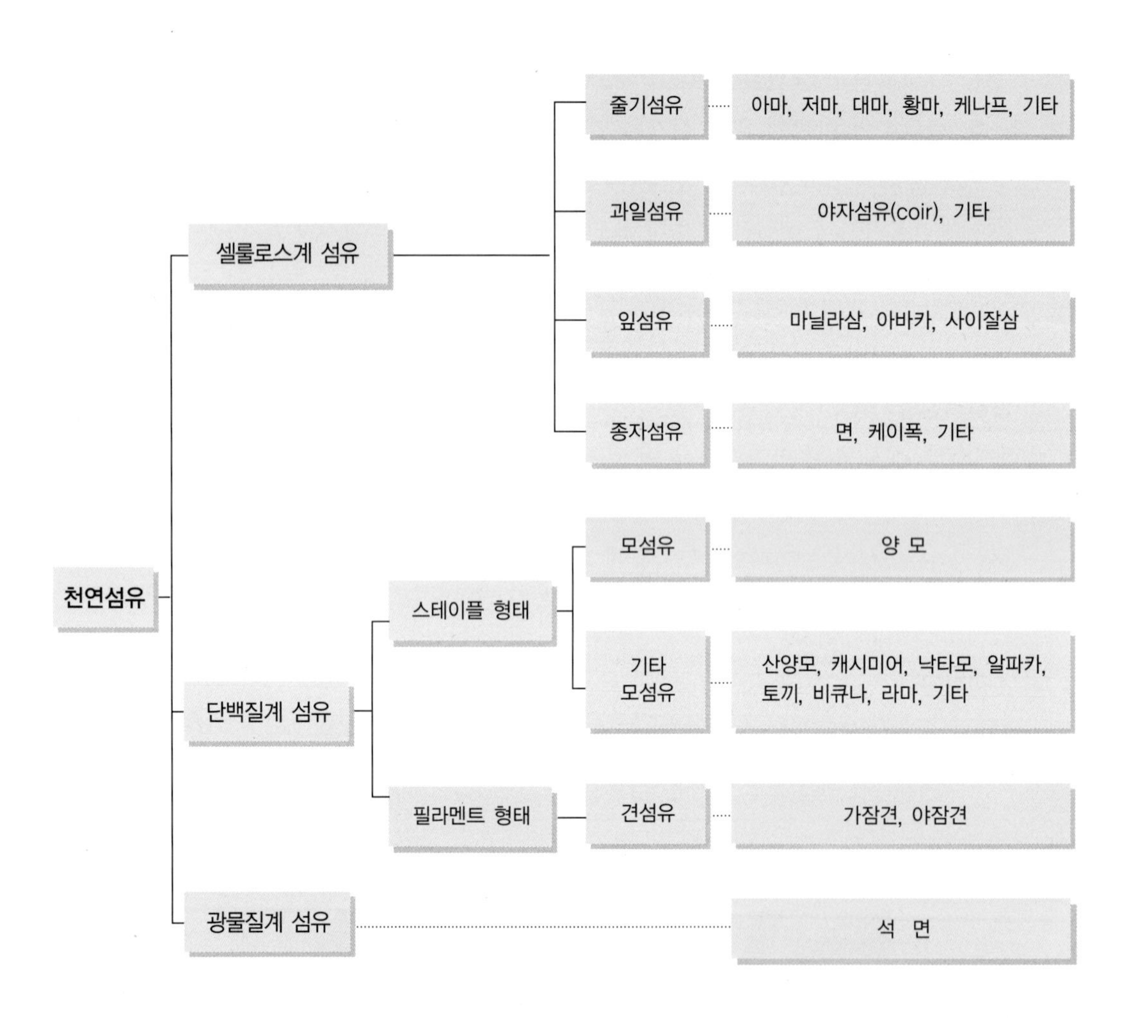
천연섬유
셀룰로스계 섬유
줄기섬유
아마, 저마, 대마, 황마, 케나프, 기타
과일섬유
야자섬유(coir), 기타
잎섬유
마닐라삼, 아바카, 사이잘삼
종자섬유
면, 케이폭, 기타
단백질계 섬유
스테이플 형태
모섬유
양 모
기타 모섬유
산양모, 캐시미어, 낙타모, 알파카, 토끼, 비큐나, 라마, 기타
필라멘트 형태
견섬유
가잠견, 야잠견
광물질계 섬유
석 면

주) 1. 아로마틱 폴리아미드
2. 폴리우레탄 성분을 85% 이상 함유하는 섬유
3. 탄화수소 성분을 85% 이상 함유하는 섬유
4. 폴리염화비닐 성분을 85% 이상 함유하는 섬유
5. 폴리염화비닐리덴 성분을 80% 이상 함유하는 섬유
6. 주성분이 폴리테트라플루오로에틸렌
7. 비닐알코올 성분을 50% 이상 또는 비닐알코올과 아세탈 성분을 85% 이상 함유하는 고분자로 된 섬유
8. 폴리아크릴로니트릴 성분을 85% 이상 함유하는 섬유
9. 폴리아크릴로니트릴 성분을 35% 이상 85% 미만 함유하는 섬유

*KS K 0904를 기초로 한 것임

부록 2 섬유의 성질

성능 \ 섬유		천연섬유				재생섬유		
		면 (원면)	마 (아마)	양모 (메리노)	견 (생사)	레이온 (비스코스)	아세테이트	
							2초산	3초산
비 중		1.54	1.5	1.32	1.33~1.45	1.50~1.52	1.32	1.3
강도(건, g/d)		3.0~5	5.6~6.6	1.5	3.0~4.0	1.7~2.3	1.2~1.4	1.2~1.4
강도(습, g/d)		3.0~6.4	5.8~6.6	0.76~1.63	2.1~2.8	0.8~1.2	0.7~0.9	0.8~1.0
신도(건, %)		3~7	1.5~2.3	25~35	15~25	18~24	25~35	25~35
신도(습, %)		–	2.0~2.3	25~50	27~33	24~35	30~45	30~40
탄성회복률(%, 2% 신장 시)		75	65	99	92	82~95	94	90~92
초기탄성률(g/d)		68~93	185~405	11~25	50~100	65~85	30~45	30~45
내열성	연화점(℃)	N/A	N/A	N/A	N/A	N/A	184	250
	녹는점(℃)	N/A	N/A	N/A	N/A	N/A	260	288
	분해온도(℃)	305	305	230	235	117–240	300	
	안전 다리미 온도(℃)	220	230	150	150	200	130	200
내약품성	산	가	가	우	우	가	양	양
	알칼리	우	우	가	가	양	우	우
	유기용제	우	우	우	우	우	아세톤, 페놀 등에 손상	
내일광성		우	우	양	가	우	우	우
내충내균성		가	양	미	미	가	미	우
표준수분율(%)		8	9	16	11	12~14	6.5	3~4

성능 \ 섬유		합성섬유					
		나일론(나일론6)	폴리에스터	아크릴	모드아크릴	폴리프로필렌	스판덱스
비 중		1.14	1.38	1.14~1.17		0.91	1.0~1.3
강도(건, g/d)		4.8~6.4	4.3~5.5	2.2~3.2		4.5~7.5	0.6~1.2
강도(습, g/d)		4.2~5.9	4.3~6.0	2.0~4.5		4.5~7.5	0.6~1.2
신도(건, %)		28~45	20~40	25~50		25~60	450~600
신도(습, %)		36~52	20~40	25~60		25~60	450~800
탄성회복률(%, 2% 신장 시)		100	85~100	80~99		100	100
초기탄성률(g/d)		20~45	90~160	25~62		40~120	0.13~0.2
내열성	연화점(℃)	171	229~254	245~254	149	127~160	175
	녹는점(℃)	213~265	250~260		188 or 120	135~170	175
	분해온도(℃)	345	390	287	235		
	안전 다리미 온도(℃)	150	150	150			120℃
내약품성	산	양	우	우		수	우
	알칼리	수	우	우		수	우
	유기용제	황함유석탄 연기에 손상	우	우	아세톤에 용해	대체로 안전하나 염화탄화 수소에 의해 팽윤과 강도 저하	우
내일광성		양	우	수		우	우
내충내균성		우	우	수		수	우
표준수분율(%)		4	0.4	1.2~2.5		0.01	0.3~1.3

부록 3 섬유의 화학적 조성

1. 천연섬유

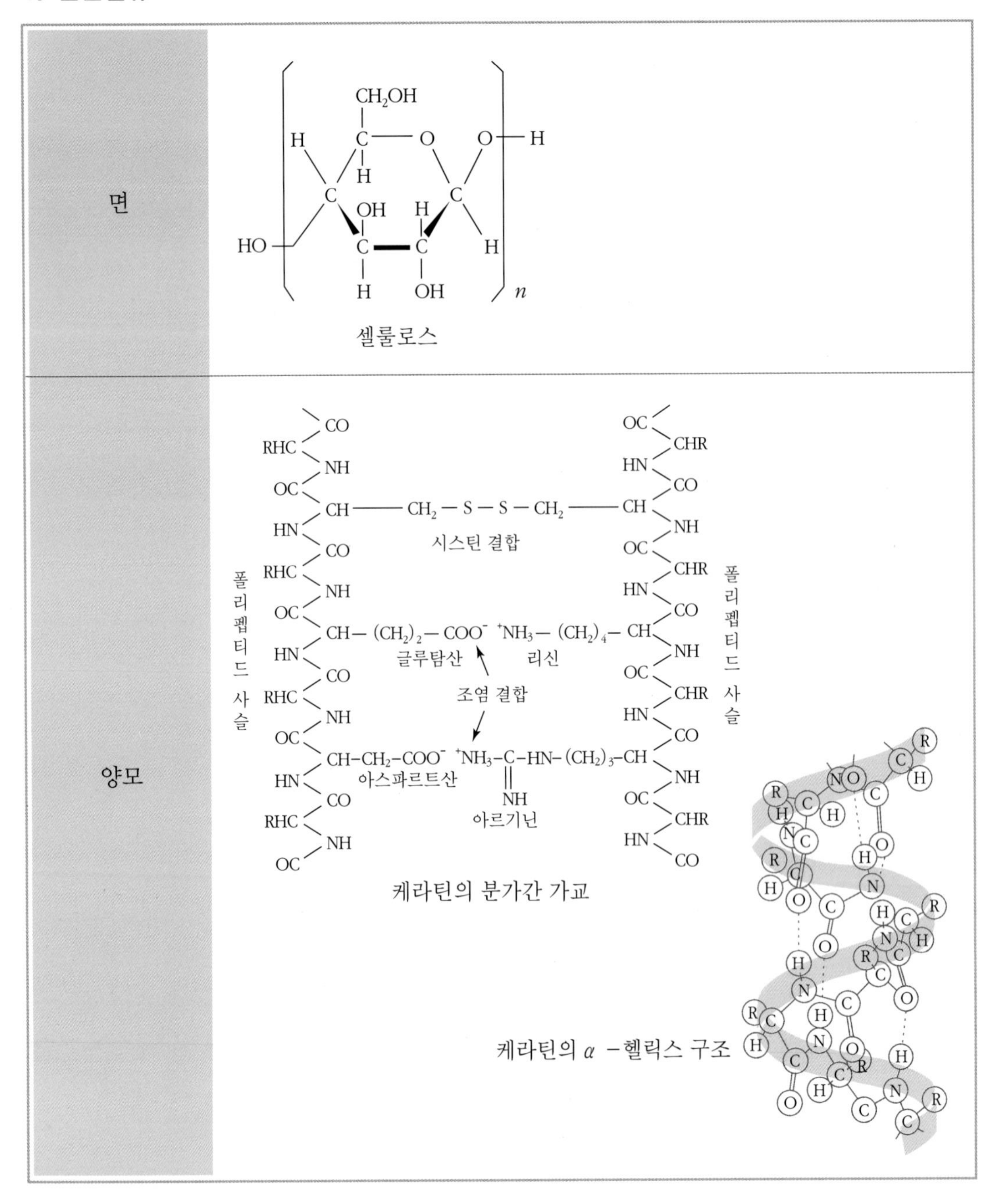

견

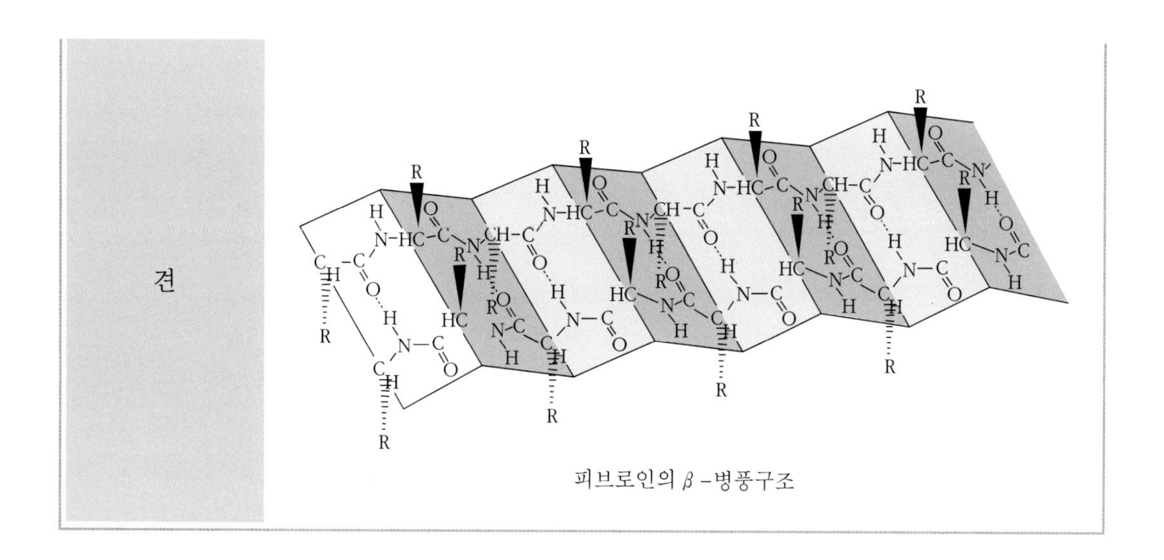

피브로인의 β-병풍구조

2. 인조섬유

(1) 재생섬유

아세테이트

셀룰로스 + 무수초산 $(CH_3CO)_2O$ $\xrightarrow[\text{아세틸화}]{H_2SO_4}$ 삼초산 셀룰로스

(셀룰로스: CH_2OH, OH, OH 치환 / 삼초산 셀룰로스: CH_2OAc, OAc, OAc 치환)

삼초산 셀룰로스 + H_2O $\xrightarrow{\text{부분 가수분해}}$ 이초산 셀룰로스 + AcOH

(이초산 셀룰로스: CH_2OAc, OH, OAc 치환)

여기서 Ac : $-COCH_3$

(2) 합성섬유

• 축합중합체 섬유

폴리아마이드계

1. 나일론 6

$$n\,CH_2 \begin{matrix} CH_2-CH_2-CO \\ \qquad\qquad | \\ CH_2-CH_2-NH \end{matrix} + H_2O \rightarrow H{-}\!\!\left[NHCH_2CH_2CH_2CH_2CH_2CO \right]_{n}\!OH$$

카프로락탐 / 폴리카프로락탐(나일론 6)

2. 나일론 66

$$n\,H_2N(CH_2)_6NH_2 + n\ HOOC(CH_2)_4COOH$$

핵사메틸렌디아민 / 아디프산

$$\rightarrow HO{-}\!\!\left[NH(CH_2)_6NHOC(CH_2)_4CO \right]_{n}\!OH + (n-1)H_2O$$

폴리헥사메틸렌아디프아미드(나일론 66)

3. 나일론 610

$$n\,H_2N(CH_2)_6NH_2 + n\ HOOC(CH_2)_8COOH$$

핵사메틸렌디아민 / 세바스산

$$\rightarrow HO{-}\!\!\left[OC(CH_2)_8CONH(CH_2)_6NH \right]_{n}\!H + (n-1)H_2O$$

나일론 610

4. 키아나

$$H{-}\!\!\left[HN \langle H \rangle - CH_2 - \langle H \rangle NHCO(CH_2)_mCO \right]_{n} OH$$

여기서 $-\langle H \rangle-$: 시클로헥산기(C_6H_{10})

m : 9~12

5. 나일론 11

$$H{-}\!\!\left[HN(CH_2)_{10}CO \right]_{n}\!OH$$

6. 케블라

$$H{-}\!\!\left[HN \langle \bigcirc \rangle NHOC \langle \bigcirc \rangle CO \right]_{n}\!OH$$

7. 노멕스

$$H{-}\!\!\left[HN \langle \bigcirc \rangle NHOC \langle \bigcirc \rangle CO \right]_{n}\!OH$$

폴리에스터계	**1. 폴리에스터(PET)** $n\,HOCH_2CHOH + n\,HOOC-C_6H_4-COOH$ 에틸렌글리콜 테레프탈산 $\longrightarrow H\!-\!\!(OCH_2CH_2OOC-C_6H_4-CO)_n\,OH + (2n-1)H_2O$ 폴리에틸렌테레프탈레이트 **2. PPT 섬유** $-\!(O-\overset{O}{\overset{\Vert}{C}}-C_6H_4-\overset{O}{\overset{\Vert}{C}}-O-CH_2CH_2CH_2O)_n$ **3. PBT 섬유** $n\,HO(CH_2)_4OH + n\,HOC\,C_6H_4\,COH$ 1, 4 부탄디올 테레프탈산 $\longrightarrow H\!-\!\!(O(CH_2)_4OOC\,C_6H_4\,CO)_n\,OH + (n-1)H_2O$ PBT
폴리우레탄계	$n\,HOROH + n\,OCNR'NCO \longrightarrow H\!-\!\!(OROOCNHR'\,NHCO)_n$ 2가 알코올 디이소시아나트 폴리우레탄
기 타	**PBI 섬유** $C_6H_5-O\overset{O}{\overset{\Vert}{C}}-C_6H_4-\overset{O}{\overset{\Vert}{C}}O-C_6H_5 + (H_2N)_2C_6H_3-C_6H_3(NH_2)_2$ 디페닐이소프탈레이트 테트라아미노비페닐 $\longrightarrow [\,\text{polybenzimidazole repeat unit (C=N, N-H)}\,]_n + 2\,C_6H_5-OH + 2H_2O$ 폴리벤즈이미다졸

• 부가중합체 섬유

폴리아크릴로 니트릴계	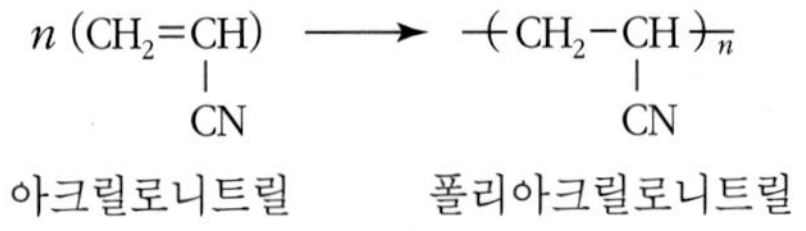 $n\,(CH_2{=}\underset{\displaystyle CN}{\underset{\vert}{CH}}) \longrightarrow -\!\!\left(CH_2-\underset{\displaystyle CN}{\underset{\vert}{CH}}\right)\!\!-_n$ 아크릴로니트릴 → 폴리아크릴로니트릴
폴리올레핀계	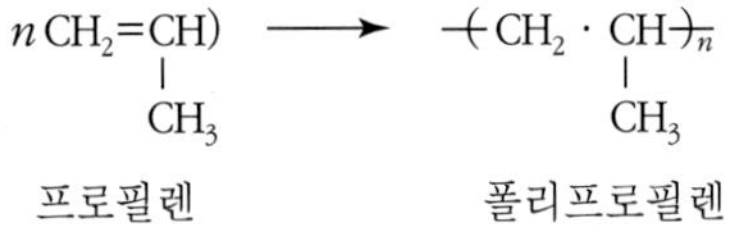 $n\,CH_2{=}\underset{\displaystyle CH_3}{\underset{\vert}{CH}}) \longrightarrow -\!\!\left(CH_2 \cdot \underset{\displaystyle CH_3}{\underset{\vert}{CH}}\right)\!\!-_n$ 프로필렌 → 폴리프로필렌
폴리비닐 알코올계	**1. 비닐론(포르말린 처리)** 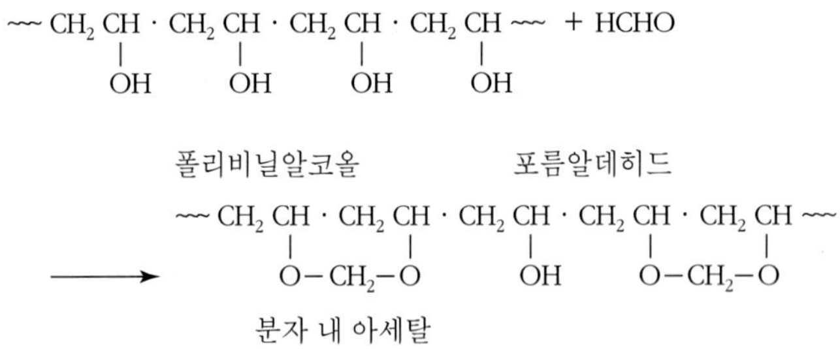 $\sim CH_2\,\underset{\displaystyle OH}{\underset{\vert}{CH}} \cdot CH_2\,\underset{\displaystyle OH}{\underset{\vert}{CH}} \cdot CH_2\,\underset{\displaystyle OH}{\underset{\vert}{CH}} \cdot CH_2\,\underset{\displaystyle OH}{\underset{\vert}{CH}} \sim + HCHO$ 폴리비닐알코올 포름알데히드 $\longrightarrow \sim CH_2\,CH \cdot CH_2\,CH \cdot CH_2\,\underset{\displaystyle OH}{\underset{\vert}{CH}} \cdot CH_2\,CH \cdot CH_2\,CH \sim$ (1·2번째 CH: $O-CH_2-O$, 4·5번째 CH: $O-CH_2-O$) 분자 내 아세탈 **2. 비닐론(붕소 처리)** 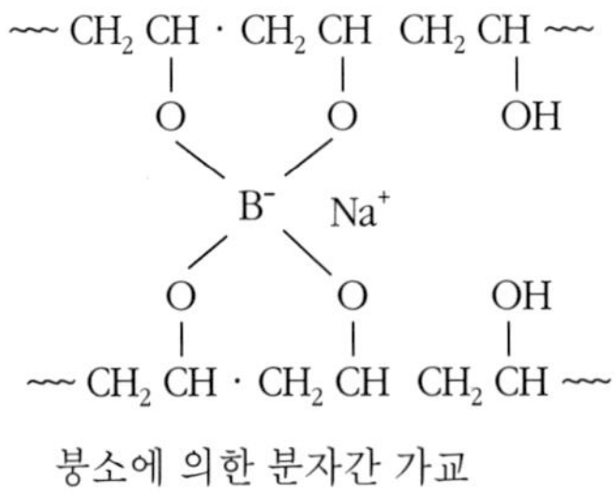 $\sim CH_2\,\underset{\vert}{CH} \cdot CH_2\,\underset{\vert}{CH}\ \ CH_2\,\underset{\displaystyle OH}{\underset{\vert}{CH}} \sim$ $O \quad O$ $B^- \quad Na^+$ $O \quad O \quad OH$ $\sim CH_2\,\overset{\vert}{CH} \cdot CH_2\,\overset{\vert}{CH}\ \ CH_2\,\overset{\vert}{CH} \sim$ 붕소에 의한 분자간 가교
폴리염화비닐계	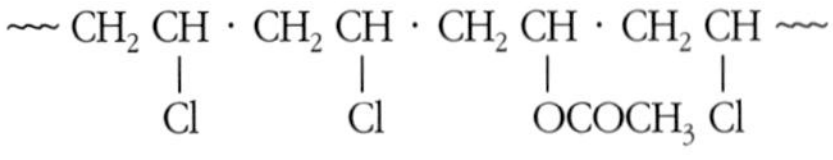 $\sim CH_2\,\underset{\displaystyle Cl}{\underset{\vert}{CH}} \cdot CH_2\,\underset{\displaystyle Cl}{\underset{\vert}{CH}} \cdot CH_2\,\underset{\displaystyle OCOCH_3}{\underset{\vert}{CH}} \cdot CH_2\,\underset{\displaystyle Cl}{\underset{\vert}{CH}} \sim$
폴리염화 비닐리덴계	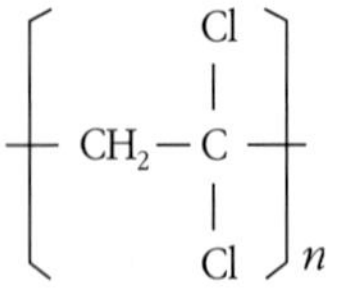 $\left[-CH_2-\overset{\displaystyle Cl}{\overset{\vert}{\underset{\displaystyle Cl}{\underset{\vert}{C}}}}-\right]_n$

부록 4 섬유-직물조직-기호체계와 예(K ISO 9354)

(1) 적용범위

기본 조직 및 그 변화 조직에 대한 체계적인 숫자 표기를 위한 기호에 대하여 규정

(2) 기호

① 기호의 표시방법

기본 조직과 그 변화 조직의 기호는 2자리 숫자로 된 4개의 구성 요소를 하이픈(–)으로 연결하여 구성된다. 이 구성 요소들은 조직의 특성에 따라 순서대로 나타낸다.

첫 번째 구성 요소 : 조직의 종류

두 번째 구성 요소 : 실이 교차되는 순서, 즉 경사 올의 상하 여부

세 번째 구성 요소 : 경사 집단 올 수, 즉 경사가 1올로 제직되거나 여러 올로 집단 제직되었는지 여부

네 번째 구성 요소 : 비수 또는 이동수

보기 5매경 주자직 비수 2이면 이 기호는 다음과 같다.

30	—	**0402**	—	**01**	—	**02**
조직의 종류		실 교차순서		경사 집단 올 수		비수

표 1

첫 번째 구성 요소 번호	조직 종류	의장지의 왼쪽 아래 첫 번째 사각형에 나타난 조직도
10	평직 또는 변화 평직	경사가 위사 위로 올라감
11	평직 또는 변화 평직	경사가 위사 아래로 내려감
20	능직 또는 변화 능직	경사가 위사 위로 올라감
21	능직 또는 변화 능직	경사가 위사 아래로 내려감
30	주자직 또는 변화 주직	경사가 위사 위로 올라감
31	주자직 또는 변화 주직	경사가 위사 아래로 내려감

② 기타조직

2자리로 된 1개의 숫자로 구성되나 필요시 두 자리로 된 여러 개의 숫자로 구성될 수 있으며 각 숫자는 한 칸씩 띄어서 표시한다.

표 2 평직

조직도	조직 명칭	기 호
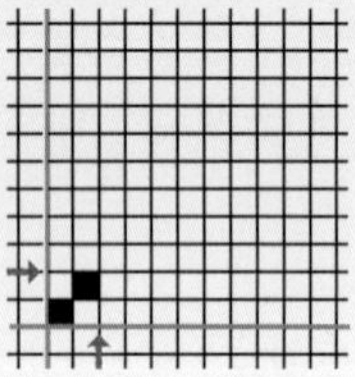	평직	10-0101-01-00

표 3 능직

조직도	조직 명칭	기 호
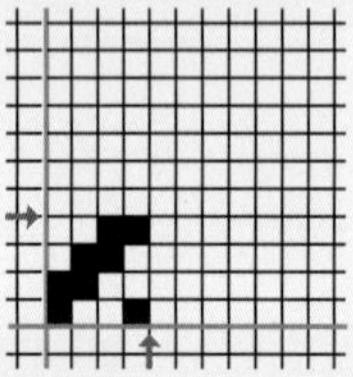	2/2 "Z" 능직	20-0202-01-01

표 4 주자직

조직도	조직 명칭	기 호
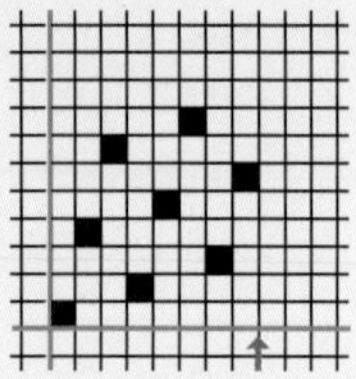	8매 위 주자직, 비수 3	30-0107-01-03

*KS K 0904를 기초로 한 것임

부록 5 섬유의 감별

섬유는 종류에 따라 화학적인 조성, 형태 · 물리적 성질 등이 다르므로, 이를 이용하여 감별할 수 있다. 천연섬유는 고유의 형태를 나타내므로 현미경법에 의해 쉽게 구별할 수 있고, 합성섬유는 화학적 조성의 차이에 의해 용해성에 따라 구별이 가능하다. 여기에서는 비교적 간단하면서 효율적인 세 가지 방법을 소개한다.

1. 연소법

섬유가 탈 때에는 섬유에 따라 타는 모양, 냄새, 재 등이 각각 다르므로, 이것을 통해 섬유를 감별할 수 있다(표 1).

2. 현미경법

섬유의 측면과 단면을 현미경으로 관찰하여 섬유의 형태를 파악하고, 이를 활용하여 섬유를 감별할 수 있다(표 2).

3. 용해도법

섬유의 시약에 대한 용해성의 차이를 이용하여 감별한다. 용해성과 시료의 상태, 시약의 농도, 온도, 침지시간 등의 조건에 따라 큰 차이가 나므로, 되도록이면 동일 조건 하에서 비교하는 것이 바람직하다(표 3).

표 1 연소에 의한 섬유 감별

섬 유	불꽃 가까이 가져갔을 때	불꽃 속에서	불꽃 속에서 꺼냈을 때	재의 모양	냄 새	연소가스*
면, 마, 재생섬유	쉽게 불이 붙는다.	빨리 탄다.	계속 잘 탄다.	소량의 회백색	종이 타는 냄새	산성
견, 양모	비교적 쉽게 불이 붙는다.	면, 비스코스보다는 늦게 탄다.	불꽃 밖에서는 힘들게 타다가 대개는 저절로 꺼진다.	검정색 둥근 덩어리	머리카락 타는 냄새	알칼리성
아세테이트	비교적 쉽게 불이 붙는다.	계속 잘 탄다.	계속 잘 탄다	광택 있는 검정색 덩어리	식초와 같은 냄새	산성
폴리에스터	쉽게 불이 붙지 않는다.	액상으로 녹는다.	불꽃 밖에서는 힘들게 타다가 대개는 저절로 꺼진다.	약간 단단하고 평활한 흑갈색의 작은 덩어리	독특한 냄새	산성
나일론	쉽게 불이 붙지 않는다.	액상으로 녹는다	불꽃 밖에서는 힘들게 타다가 대개는 저절로 꺼진다.	단단한 유리덩어리	독특한 냄새	알칼리성
아크릴	쉽게 불이 붙는다.	불꽃을 내며 빨리 탄다.	계속 잘 탄다.	부서지기 쉬운 흑갈색 덩어리	시고 쓴 냄새	알칼리성
모드아크릴	잘 타지 않는다.	녹는다.	저절로 꺼진다.	부서지기 쉬운 흑갈색 덩어리	시고 쓴 냄새	산성
폴리비닐 알코올	쉽게 불이 붙는다.	검은 연기를 내며 탄다.	저절로 꺼진다.	담황흑갈색의 부서지기 쉬운 덩어리	독특한 냄새 (비닐 냄새)	산성
폴리프로필렌	쉽게 불이 붙는다.	녹는다.	대개 저절로 꺼진다	투명한 구상의 덩어리	파라핀 향	
폴리염화비닐리덴	잘 타지 않는다.	녹는다.	저절로 꺼진다.	불규칙한 부서지기 쉬운 흑갈색 덩어리	맵고 쓴 냄새	산성

* 리트머스 시험지에 의한 감별

표 2 측면 및 단면에 의한 감별

섬유명	측 면	단 면
면	편평한 리본 모양으로 전장에 걸쳐 천연꼬임이 보인다.	완두형, 말굽형 등 여러 가지가 있으며 중공부분이 있다.
아마, 저마	섬유축 방향에 줄이 연속되며 곳곳에 마디를 갖는다. 끝은 아마가 예리하고 저마는 둔하다.	아마는 다각형으로 중공부분이 있고, 저마는 편평한 타원형으로 중공부분이 있다.
레이온	섬유축 방향에 세로줄이 많다.	불규칙한 톱니바퀴 모양이다.
폴리노직, 큐프라	표면이 매끈한 봉상	원형에 가깝다
견	표면은 매끈하고 변화가 없다.	삼각형에 가깝다
모	스케일이 보인다.	원형의 것이 많다.
아세테이트	섬유축 방향에 여러 올의 세로줄이 있다.	클로버잎 모양
폴리에스터	표면이 매끈한 봉상	일반으로 원형이다.
나일론	표면이 매끈한 봉상	일반으로 원형이다.
폴리우레탄	표면은 매끈하다.	원형 또는 누에고치 형태 등 여러 가지가 있다.
아크릴	종류가 많아서 한 가지 모양이 아니고 표면은 매끈한 것이 많다.	원형 또는 심장형에 가깝다.
모드아크릴	섬유축 방향에 한 올의 줄이 있다.	말굽형
폴리비닐알코올	중앙부에 섬유축 방향에 따르는 넓은 선이 보인다. 단면이 원형의 것은 표면이 매끈하다.	누에고치 형태가 많고 기타 원형의 것도 있다.
폴리에틸렌	표면이 매끈한 봉상	일반으로 원형이다.
폴리프로필렌	표면이 매끈한 봉상	원형
폴리염화 비닐리덴	표면이 매끈한 봉상	원형

표 3 섬유의 용해시험*

약 품	온도 (℃)	면·마	모	견	레이온	아세테이트	폴리에스터	나일론	아크릴	스판덱스	올레핀
빙초산	100	×	×	×	×	○	×	○	×	×	×
100% 아세톤	25	×	×	×	×	○	×	×	×	×	×
5% 수산화나트륨	100	×	○	○	×	×	×	×	×	×	×
디메틸포름아미드	100	×	×	×	×	○	×	×	○	○	×
35% 염산	25	×	×	○	○	○	×	○	×	×	×
70% 황산	25	○	×	ⓧ	○	○	×	○	×	×	×
크실렌	100	×	×	×	×	×	×	×	×	×	○

*○ : 용해, × : 용해 안됨, ⓧ : 부분 용해

참고문헌

금기숙 외 옮김, **의류과학과 패션**, 교문사, 2000
김성련, **피복재료학**, 교문사, 2000
김은애 외, **의류소재의 이해와 평가**, 교문사, 1997
김정규 · 박정희, **의류소재기획**, 교문사, 2001
뿌리깊은나무, **겨울 한복**, 대원사, 1989
뿌리깊은나무, **여름 한복**, 대원사, 1990
송화순, **알기쉬운 의류소재**, 교학연구사, 2000
심미숙 · 김병희, **패션염색가공**, 교학연구사, 2004
Iwasaki Yoshie(남윤자 외 역), **소비자를 위한 피복재료**, 경춘사, 2000
정혜원 외, **새로운 피복재료학**, 동서문화원, 2002
한국의류학회, **의류 소재 I, II**, 한국의류학회, 1989

鈴木美和子 · 窪田英男 · 德武正人, **アパレル素材の基本**, 繊研新聞社, 2004
本宮達也, **ハイテク繊維の世界**, 日刊工業新聞社, 1999

Corbman, B.P., *Textile: Fiber to Fabric*, 6th ed., McGraw-Hill Book Co., 1983
Davis, R.C., *Detergency: Theory and Test Methods*, Marcel Dekker, 1972
Hatch, K.L. *Textile Science*, West Publishing Co., 1993
Lyle, D.S., *Modern Textile*, J. Wiley & Sons, 1976
Marjorie, A.T., *Technology of Textile properties*, Forbes Publications, 1993
Sara, J.K. & Anna, L.L., *Textiles*, Prentice Hall, 2002
Elsasser, V.H., *Textiles: concepts and principles*, 2nd ed., Fairchild Publications, Inc., 2005
Wingate, I.B., *Textile Fabrics and Their Selection*, Prentice Hall, 1996

찾아보기

ㅇ

ㅊ

ㅋ

ㅌ

ㅍ

ㅎ